民航 C 波段卫星通信网络系统
——数据传输 TES

吴志军　编著

U0311304

科学出版社
北　京

内 容 简 介

本书介绍中国民航 C 波段卫星通信网络系统基本组成和结构，主要讲述 VSAT 的卫星通信 TES 的组网方式、网络组成拓扑和系统设备安装、调试及运行的相关内容，涉及民航 C 波段卫星通信地球站的维护规程、管理规则和值班制度等。

本书针对中国民航 VSAT 卫星通信地球站的安装、调试、组网、入网、操作和维护提供了实际的工程经验，既可为中国民航卫星通信网络工程技术人员提供实际应用指南，也可作为民航大中专院校的相关专业学生的专业教材。

图书在版编目 (CIP) 数据

民航 C 波段卫星通信网络系统：数据传输 TES / 吴志军编著. —北京：科学出版社，2017.6
  ISBN 978-7-03-052979-4

Ⅰ. ①民… Ⅱ. ①吴… Ⅲ. ①民用航空－C 波段－卫星通信－网络系统 Ⅳ. ①TN927 ②V243.1

中国版本图书馆 CIP 数据核字 (2017) 第 118018 号

责任编辑：陈　静　董素芹 / 责任校对：郭瑞芝
责任印制：张　倩 / 封面设计：迷底书装

科 学 出 版 社 出版
北京东黄城根北街 16 号
邮政编码：100717
http://www.sciencep.com

北京通州皇家印刷厂 印刷
科学出版社发行　各地新华书店经销

*

2017 年 6 月第 一 版　开本：720×1 000　1/16
2017 年 6 月第一次印刷　印张：15 3/4
字数：304 000

定价：88.00 元
(如有印装质量问题，我社负责调换)

前　　言

本书是在由原中国民用航空学院空管学院通信工程系（现中国民航大学电子信息与自动化学院）的吴志军教授与原中国民航天津航管中心（现中国民用航空华北地区空中交通管理局天津分局）的范军高级工程师联合编写的《中国民用航空卫星通信人员上岗执照培训丛书之一——中国民航 C 波段卫星通信网络》的基础上改编的。《中国民用航空卫星通信人员上岗执照培训丛书之一——中国民航 C 波段卫星通信网络》是 2000 年 8 月根据当时中国民用航空局空中交通管理局关于实行《中国民航 C 波段卫星通信网络（TES 和 PES 系统）》上岗制度的指示和精神，贯彻必须引入竞争机制，实行竞争上岗制度的要求，为了调动广大民航卫星网络和系统从业的技术人员生产、学习和钻研技术业务的积极性及切实提高技术人员的整体素质而编写的一部专业培训教材。该书作为内部技术资料仅供民航行业内人员使用。经过 16 年的使用和修正，凝练和总结出了本书的具体内容。本书中仅保留了中国民航 C 波段卫星通信网络中与 TES 系统相关的内容。为了满足航空类大学、大专和专业技术学校航空通信相关专业的教学需要，选取了相关内容，按照教材的编写要求将章节和内容进行了调整、补充和完善。

本书的内容主要涵盖我国民航引进的美国休斯网络系统公司的 VSAT 卫星通信地球站，包括 VAST 卫星通信网络的基本知识，C 波段 TES 卫星通信网络系统的特性，设备的安装、调试和操作，以及 C 波段卫星通信网络系统的维护规程、管理规则和值班制度等。为航空类本科和大专等相关专业的学生提供了在学校了解和掌握行业内卫星通信网络的实际组网与运行情况的机会，为将来进入行业工作，快速适应工作环境和进入工作状态，奠定了基础知识。本书也可作为技术参考书，为民航 VSAT 卫星通信地球站和网络中心工作的工程技术人员提供安装、调试、操作和维护的指南。

作者在本书的编写中得到了很多的帮助，在此表示衷心的感谢和致敬！

感谢中国民用航空华北地区空中交通管理局天津分局的范军在此书的前期编写中做出的巨大贡献，提供了丰富的实际调试和运行经验，使我对民航实际系统的了解更加深入；感谢中国民用航空局空中交通管理局通导部的领导和工作人员，提供了大量的资料，并给出了建设性的建议；感谢中国民航大学"航空通信"课程组的同事为本书在教学中存在的问题提出了宝贵的修改建议；感谢所有对本书给予无私支持和帮助的领导、同事和朋友，谢谢你们真诚的付出和诚挚的帮助！

特别感谢我的研究生尹盼盼和沈丹丹对本书的编写做出的贡献，她们不辞劳累，不怕辛苦和烦琐，始终坚持修改、编辑和编排本书的内容，才使得本书终于能够按时完成。中国民航大学电子信息与自动化学院 2015 级的研究生刘亮、刘中、崔子涵、王敏效、姜园春、刘轩、陈焕等积极参与本书的资料整理和编写，为本书的编写和出版付出了辛勤的劳动。

特别感谢美国休斯网络系统公司提供的相关技术手册和资料。

本书的出版得到了国家自然科学基金委员会与中国民航局联合研究基金项目（项目编号：U1533107）、中央高校基础研究基金项目（项目编号：3122016D003）和中国民航大学研究生课程开发项目的资助。

在阅读本书之前，读者应熟悉卫星通信原理和技术以及卫星通信系统的基本概念。

由于作者水平和实际经验有限，加上时间仓促，书中肯定有不足之处，希望广大读者指正，帮助做好以后的修订工作，在此表示衷心感谢！

作　者

2016 年 12 月

目　　录

第 1 章　中国民航 C 波段 VSAT 卫星通信网络

卫星通信已经成为我国民航空中交通管理(Air Traffic Management，ATM)中用于分组交换、电报、气象、雷达联网及甚高频(Very High Frequency，VHF)遥控系统的主要传输手段[1]。目前，中国民航使用 C 和 Ku 两种波段的甚小口径终端(Very Small Aperture Terminal，VSAT)卫星系统。VSAT 卫星通信网络是指利用大量小口径天线的小型地球站与一个大站协调工作构成的卫星通信网络，可以通过它进行单向或双向数据、话音、图像及其他业务通信[2]。

这里，仅针对中国民航空中交通管理 C 波段 VSAT 卫星通信网络进行介绍。

1.1　概　　述

中国民航 C 波段 VSAT 卫星通信网络的建成为空中交通管理(简称空管)、航空公司、民航各单位的话音、数据等通信信息的传递提供了可靠的手段，为保证飞行安全与正常、推动民航系统的通信现代化进度起到了主要作用[3]。

"八五"期间我们在全国民航机场建成了以北京为主站，广州为备用网控站，全国 97 个卫星地球站的全国民航电话地面站(Telephone Earth Station，TES)话音专用通信网和个人地面站(Personal Earth Station，PES)数据专用通信网络，构成了中国民航 C 波段卫星通信网络。

"九五"期间，利用日元贷款余款又在全国尚未建立卫星地球站的机场和甚高频转播台台址上建设了 65 座卫星地球站，截止到"九五"末期，中国民航 TES 卫星通信网络的地球站数量已达 162 座，PES 网的地球站数量已达 95 座。并且为满足通信发展需求，"九五"期间，购买了鑫诺一号卫星的一个 36MHz 转发器，作为民航 C 波段卫星通信网的空间段资源。

根据国务院、中央军委空中交通管制委员会(简称国家空管委)的要求，军民航卫星网必须互相联网，以达到信息共享的目的。"九五"期间，建成了军民航卫星联网站 28 座。为军民航之间进行空管信息传送、飞行动态通报、雷达联网、电报信息传输等提供了有效的通信手段[4]。

为配合雷达联网，完成雷达信号引接，中国民航利用 C 波段 TES 卫星通信网，共配置了 50 多条 4800～9600bit/s 速率的数据线路,为雷达信号的传输提供了质量良好的固定时延、透明的传输信道。

中国民航 C 波段 VSAT 卫星通信网络自建立以来,以较快的速度平稳发展。在建立之后,中国民航 C 波段卫星通信网络使用亚太一号通信卫星。1998 年 9 月开始使用鑫诺 1 号(SINOSAT-1)通信卫星,占用整个 8B 转发器。中国民航 C 波段卫星通信网络具有很大的覆盖面积,主要面向亚太地区。该网络覆盖了中国整个地区,并覆盖了中国周边国家。现在使用该网络的国家除中国外有蒙古、朝鲜、韩国、越南和尼泊尔等[5]。

1.2 VSAT 系统组成

VSAT 系统天线口径小到可直接安装在用户房顶或附近,并且结合其他先进的技术措施,具有独特的优点[2]。图 1.1 所示是 VSAT 系统与传统卫星通信系统的典型应用。

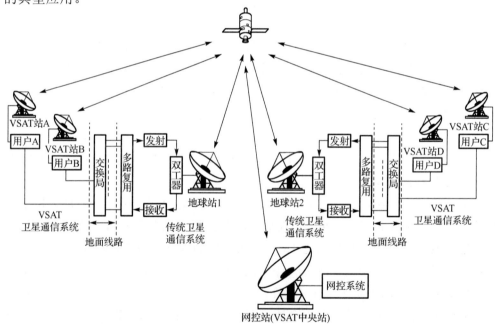

图 1.1 VSAT 系统与传统卫星通信系统的典型应用

如图 1.1 所示,VSAT 站直接安装在用户附近,它摆脱了用户对地面引接线路的依赖。例如,用户 A 可以通过 A 站、卫星和另一地的 C 站直接与用户 C 通信。VSAT 应用发展很快的另一个原因是用户可以利用 VSAT 技术在短时间内组成自己的专用通信网，而且用户站的增减、地点的改变都很方便。

　　和一般的卫星通信系统一样，典型的 VSAT 卫星通信网络由中央站(包括网络管理系统)、许多 VSAT 站和通信卫星三部分组成[6]。典型的 VSAT 卫星通信网络组成结构如图 1.2 所示。

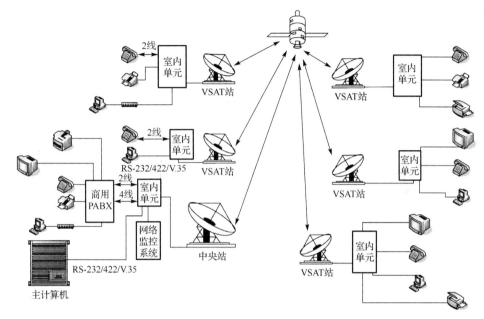

图 1.2　典型的 VSAT 卫星通信网络组成结构

1. 中央站

　　中央站又称中心站或枢纽站，它是 VSAT 网络的核心。中央站由主计算机、前端处理机、中心站接口单元、调制解调器、射频电子设备以及天线构成。现分别加以说明。

　　(1)用户数据通信设备：它包括主计算机和前端处理机。通常，主计算机通过前端处理机与中心站接口单元连接。

　　(2)中心站接口单元：它在链路级协议(多址内向链路和时分复用外向广播链路)和计算机的前端通信处理机之间提供接口。

　　(3)调制解调器：对于星状网络结构，中心站对内向多址信道和外向广播信道调制方式的选择有所不同，外向时分复用信道通常选用二进制相移键控(Binary Phase Shift Keying，BPSK)或正交相移键控(Quadrature Phase Shift Keying，QPSK)方式，而内向多址信道通常选用相移键控(Phase Shift Keying，PSK)以及通断键控(On-Off Keying, OOK)方式。中心站所选用的调制解调器应该是连续性发射和突发式接收的方式。

(4)射频(Radio Frequency, RF)电子设备：中心站射频电子电路单元包括低噪声放大器(Low Noise Amplifier, LNA)、高功率放大器(High Power Amplifier, HPA, 简称高功放)和上、下变频器。通常, LNA 的噪声温度在 190~235K 范围内。HPA 的额定功率取决于所发送的外向时分复用(Time Division Multiplexing, TDM)载波的数目。对于小的专用网,中心站采用 5~10W 的固态功率放大器(Solid State Power Amplifier, SSPA), 而对于大的公用网,则需要一个或多个高功率(1~2kW)的行波管放大器(Travelling Wave Tube Amplifier, TWTA)。

主站发射机的高功率放大器输出功率的大小, 取决于通信体制、工作频段、数据速率、卫星转发器特性、发射的载波数以及 VSAT 接收站 G/T 值的大小等多种因素, 一般为数十瓦到数百瓦。

(5)天线：星状结构是以使用大型中心站天线为基础的, 中心站天线的尺寸一般在 Ku 波段为 3.5~8m, C 波段为 7~13m。由于中心站的费用是由大量地球站来共同承担的, 所以使用大天线并不会对每个地球站的费用有太大的影响。

主站通常与主计算机配置在一起, 也可通过地面线路与主计算机连接。为了对全网进行监测、控制、管理与维护, 在主站还设有网络监控与管理中心, 对全网运行状态进行监控管理, 如监测地球站和主站本身的工作状况、信道质量、信道分配、统计、计费等。由于主站关系到整个 VSAT 网的运行, 所以通常硬件和软件均配有备用设备。为了便于重新组合, 主站一般都采用模块结构, 设备之间以高速局域网的方式进行互连。

为了降低 VSAT 站的成本, 其设计尽量简单, 而中央站通常规模就做得较大(如天线口径、发射功率等), 功能也比较复杂。为了提高可靠性, 中央站通常还要有备份(站备份或设备备份)。

2. VSAT 站设备

VSAT 站设备(也称远端站或地球站等)是安装在 VSAT 用户处的独立单元, 它提供用户终端设备与卫星信道的接口。

习惯上认为 VSAT 站由小口径天线、室外单元(Outdoor Unit, ODU)和室内单元(Indoor Unit, IDU)三部分组成。室内单元和室外单元通过同轴电缆连接。VSAT 地球站可以采用常用的正馈天线, 也可采用增益高、旁瓣小的偏馈天线, 当然也可使用卡塞格伦天线。不过, 卡塞格伦天线尺寸最大, 正馈天线尺寸次之, 偏馈天线尺寸最小。室外单元包括砷化镓场效应晶体管(Gallium Arsenide Field-Effect Transistor, GaAsFET)固态功率放大器、低噪声场效应管(Field-Effect Transistor, FET)放大器、上/下变频器及其监测电路等，并把它们组装在一起作为一个部件，配置在天线馈源附近。室内单元包括调制解调器、编译码器和数据接口等。室内和室外单元通常全部采用固态化部件，结构紧凑，安装调试与维护使用方便，并便于直接与数据终端连接。

总体上讲，VSAT 站包括数据终端设备(Data Terminal Equipment，DTE)、VSAT 远程接口单元(Remote Interface Unit，RIU)、调制解调器(Modem)、射频电子设备以及天线等部分。现分别说明如下。

(1)数据终端设备：这里的数据终端设备一般是指供事务处理型业务用的数据终端设备。它们以相当低的平均比特速率(50～100bit/s)产生突发块型的数据，且数据块的长度可变。而从主计算机返回的业务量看，数据块的长度一般在最小数据块长度的 4～10 倍范围内变化，通常通过用户协议格式化为几个传输块。在这种情况下，每个地球站一般支持几个用户终端、VSAT 前端处理器或分组装-拆处理器。

(2)VSAT 接口单元：它也可称为基带处理器或信道接口单元。地面用户可以利用信道接口单元并通过用户协议进入卫星系统，即提供透明链路以支持用户数据终端设备。

(3)调制解调器：VSAT 站与中心站相反，它接收来自中心站外向时分复用信道的信号，因此，其解调器应是 BPSK 或 QPSK 信号解调器。而调制器应是发送突发信号的调制器，即前面所说的 PSK 或 OOK 调制器。地球站的典型发送速率一般限制在 56～256Kbit/s，而接收速率通常为 56bit/s～1.544Mbit/s。

(4)射频电子设备：它包括固态功率放大器、低噪声放大器和上/下变频电路。对于 Ku 频段来说，射频电子设备在技术上是比较成熟的，要考虑的主要问题是低噪声放大器的等效噪声温度(典型值为 250～300K)和固态功率放大器的额定功率(典型值为 1～2W)。

(5)天线：对于 Ku 波段卫星数据网来说，地球站天线的典型尺寸为 1.2～1.8m。当然，从用户的角度来说，希望其尺寸越小越好。不过，当天线直径小于 1m 时，系统容量将会迅速降低。

除天线以外的上述设备分别安装在室内单元和室外单元中。室内单元主要包括调制解调器、编译码器和数据接口设备等，而室外单元主要包括固态功率放大器、低噪声放大器、上/下变频器和相应的监测电路等。整个室外单元可以装在一个小金属盒内,并直接挂在天线反射器背面。室内、外两单元之间用同轴电缆连接。

为了降低成本,VSAT 站通常不设备份(但室内通道单元可以备份)。

因为远端站,即 VSAT 站是本书的重点内容,关于 VSAT 站的比较详细的组成部分单独在 1.3 节中介绍。

3. 通信卫星(卫星转发器)

通信卫星(卫星转发器)也称空间段,目前主要使用 C 波段或 Ku 波段转发器,它由衰减器、输入多路复用、行波管放大器以及输出多路复用等设备组成。关于这部分的内容在后面会有较详细的论述[7]。

1.3 VSAT 网络拓扑及协议

VSAT 卫星通信网络系统具有许多特点,这里只介绍其网络拓扑结构和网络协议两个方面的特点。

1.3.1 VSAT 网络拓扑结构

VSAT 网络拓扑结构反映了各通信站(VSAT 站、中央站)之间的连接方式。由多个地球站构成的通信网络拓扑结构形式有多种,可以归纳为两种主要形式:星状网络和网状网络。VSAT 网络常用的有四种:广播式点到多点——单向星状、双向交互式——双向星状、点到点式——双向网状和混合型——双向网状网络结构[8],如图 1.3 所示。

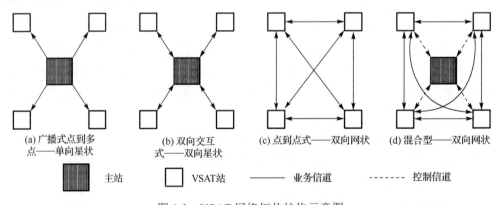

(a) 广播式点到多点——单向星状 (b) 双向交互式——双向星状 (c) 点到点式——双向网状 (d) 混合型——双向网状

▓ 主站   □ VSAT站   —— 业务信道   ------ 控制信道

图 1.3 VSAT 网络拓扑结构示意图

实际的 VSAT 卫星通信网络常用混合型的网络拓扑结构,例如,本书后面要介绍的美国休斯网络系统(Hughes Network System，HNS)公司的 TES 系统就是采用混合型的网络拓扑结构。

在星状网络中，各 VSAT 地球站都是直接与主站发生联系，而各 VSAT 地球站之间是不能经通信卫星直接通信的。必要时需经主站转发，才能进行连接和通信。无论 VSAT 地球站与主站进行通信，还是各 VSAT 地球站经主站进行通信，都必须经过卫星转发器。因此，根据经过卫星转发器的次数，又分为单跳和双跳体系结构。

星状网络拓扑结构中广播式点到多点——单向星状网络为单跳体系结构，而双向交互式——双向星状网络为双跳体系结构，如图 1.4 所示。

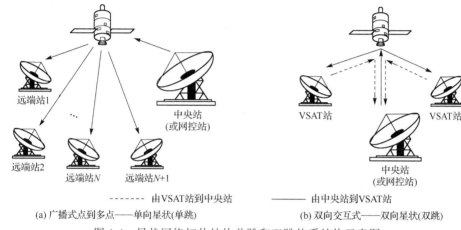

------ 由VSAT站到中央站　　　──── 由中央站到VSAT站

(a) 广播式点到多点——单向星状(单跳)　　(b) 双向交互式——双向星状(双跳)

图 1.4　星状网络拓扑结构单跳和双跳体系结构示意图

在单跳体系结构中，各 VSAT 地球站可经过单跳线路与主站直接进行话音和数据的通信。而在双跳体系结构中，各 VSAT 地球站之间一般都是通过主站间接地进行通信。这种网络结构，由于一条通信线路要经过两跳的延迟，所以对于要求实时的话音业务来说是不适用的，而只适用于记录话音业务和数据业务。

在网状网络中，任何两个 VSAT 地球站之间都是单跳结构，因而它们可以直接进行通信。但是必须利用一个主站控制与管理网络内各地球站的活动，并按需分配信道。显然，单跳星状结构是最简单的网络结构，而网状网络结构则是最复杂的网络结构，它具有全连接特性，并能按需分配卫星信道。

另外，还有一种单跳与双跳相结合的混合网络结构。在这种网络结构中，网络的信道分配、网络的监测管理与控制等由主站负责，但是通信不经主站连接。所以，它可以为主站与 VSAT 地球站之间提供数据和话音业务，为各 VSAT 地球站之间提供数据和记录话音业务。从网络结构来说，数据和话音信道是网状网，控制信道是星状网，因而这是一种很有发展前景的网络结构。

网状网络拓扑结构中单跳以及单跳与双跳相结合体系结构示意图如图 1.5 所示。

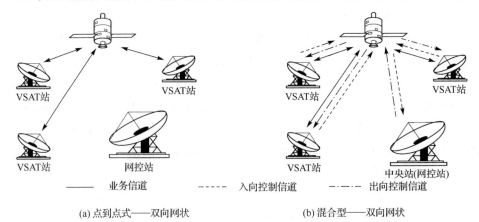

(a) 点到点式——双向网状   (b) 混合型——双向网状

图 1.5 网状网络拓扑结构中单跳以及单跳与双跳相结合体系结构示意图

VSAT 卫星通信网可以采用星状、网状或混合网络结构。目前多数 VSAT 卫星通信网络都工作在 Ku 波段。在我国，因为受空间段资源的限制，目前使用的 VSAT 网基本上还是工作在 C 波段。

1.3.2 VSAT 网络协议

网络协议是卫星通信站之间进行通信时应遵守的规定或规程。对卫星通信系统而言，网络协议的目的在于：既要满足用户对通信的要求(业务量、时延等)，又要充分利用卫星资源(频率和功率)[9]。

1. 卫星通信网络多址协议的确定

卫星通信网络主要采用频分多址(Frequency Division Multiple Access，FDMA)和时分多路复用(Time Division Multiple Access，TDMA)方式。至于信道分配技术，可以采用固定分配方式，也可以采用按需分配方式[1]。

多址协议，就是大量分散的 VSAT 站通过共享卫星信道，进行可靠的多址通信的规则。由于这种数据通信网不同于一般通用的卫星通信系统，选择多址协议易于保证系统性能[10]。

目前，可供使用的卫星信道的多址协议很多，大致可以分为以下几种。

(1)固定分配方式。

(2)争用/随机方式。

(3)预约/可控方式。

应该指出,除本书介绍的多址协议外,还有一些多址协议正在研究,请参考有关文献资料。这里只是介绍几种 VSAT 卫星通信网络在目前可能使用的多址协议,以便于理解和分析比较。

2.　固定分配多址方式

1) 非时隙固定分配方式

(1) SCPC/FDMA 方式:这种方式对于电话传输系统是非常有效的,但是对于突发性数据传输,则效率很低。这是因为所需要的突发速率与终端的平均数据速率差别太大。

(2) 码分多址(Code Division Multiple Access, CDMA)方式:它是在发送端利用扩频技术将数据信号在比信息带宽大得多的频带上进行扩展,到了接收端,再通过与已知扩频码组进行相关处理恢复数据信号,从而可以抑制同一频带内的其他站的干扰。固定分配的 CDMA 方式的特点是频带利用率低,因而主要用在对提高干扰性具有重要意义的场合。这种多址协议方式,若不用前向纠错,可能达到的典型容量约为 0.1。当使用前向纠错(Forward Error Correction, FEC)后,容量有可能提高到 0.2~0.3。

2) 分时隙固定分配方式

TDMA 方式是这种多址协议的典型方式,已广泛地应用于以大、中型地球站为基础的卫星通信系统。在这种 TDMA 方式中,因为不存在信道的动态分配问题并且同类型业务模型的容量取决于平均终端率与(信道速率–开销)/站数 N 的比值,而开销是随站数 N 的增大而增加的,这样,当站数 N 增大时,模型容量就会增大,所以这种系统仅适用于有少数中、大容量 VSAT 站的卫星通信网。这时系统容量较高,可达 0.6~0.8(典型值)。但是,当 N 较大时,因为帧长和传输时间以及延迟随站数 N 的增加而迅速加大,还因为低效率服务使排队延迟增大,所以这种方式的延迟特性较差。

3.　争用/随机多址协议

自提出 ALOHA 方式以来,随机多址协议受到了人们极大的关注。随机多址协议的特点是,网内各个用户随时都可选用信道。

卫星数据通信网之所以需要争用协议,是因为采用固定分配方式引入的开销是随支持的终端数目线性增长的。对于大量低平均速率的突发性用户来说,无论传输的是数据报文还是控制信息，采用固定分配方式都是不适宜的。为此，必须允许所有用户自由地使用信道。

可是，当两个以上的用户终端同时使用信道时，数据分组便有可能发生碰撞。当然，如果能保持信道负载较低，则可以使用户数据分组的碰撞概率较小。对于遭受碰撞的报文，需要通过"碰撞分辨算法"解决，最后使其成功地重发该遭受碰撞的数据分组。

1) 非时隙争用/随机多址方式

为了使多址系统设备简单、容易实现，一般不希望采用分时隙系统。对于非时隙多址系统，通常可分为异步和自同步方式两类协议。例如，ALOHA、SREJ-ALOHA、RA/CDMA 等均属异步协议，而时间碰撞分辨算法等多址协议则属于自同步协议。这里主要介绍前一类。

（1）ALOHA。

这种方式的基本类型是 P-ALOHA 方式。ALOHA 方式的特点是允许用户自由地使用信道，只要终端产生了报文，便通过信道发送，而且发生碰撞的报文，经过一段随机延迟以后再进行重发。在星状 VSAT 网中，当地球站的一个数据分组发送成功后，接收端要返回一个肯定应答信号（Acknowledgement，ACK），否则地球站要重发这一分组。因此，在数据分组重发前，至少要等待 0.5～0.6s。可是，应该注意，ALOHA 信道的稳定性是与总平均重发延迟有关的。一般来说，在中等负载条件下，因为卫星通信系统已有 0.5～0.6s 的传播延迟，所以只允许它有较短（0.1～0.2s）的附加延迟。

ALOHA 方式的吞吐量较低，并随报文分布而有所不同。可以证明，当使用固定长度的报文时约为 0.184，当报文长度为指数分布时约为 0.13。但是 ALOHA 方式设备简单，运行可靠，延迟短，也适于可变长度报文传输。所以，尽管它还有不少缺点，在 VSAT 网络中仍然得到了广泛应用。

（2）SREJ-ALOHA。

这是一种较好的非时隙随机多址方式。它既有 ALOHA 系统不用定时同步和适于可变长度报文这两方面的优点，又克服了 ALOHA 吞吐量低的缺点。因此，它是目前适于可变长度报文非同步操作系统中容量最高的多址协议。如前面所述，数据分组的发射和 ALOHA 一样，不过每个分组要再细分为一定数量的小分组。这些小分组也都有自己的报头和前同步码，并且小分组的报头和前同步码可以独立地进行检测。由于在实际的非同步信道中，数据分组的碰撞大多数是部分碰撞，木碰撞的部分仍可接收，所以若采用这种选择重发方式，只需重发那些受到碰撞的小分组即可，而不必重发整个分组。这样，其最大吞吐量（不计及开销）与 S-ALOHA 相当，约为 0.368。考虑到小分组内也还有前同步码和报头等开销，实际最大吞吐量只能达到 0.2～0.3。

SREJ-ALOHA 与 ALOHA 方式相比，要增加一些开销和设备复杂性。若要减少小分组的开销，则需要很好地解决捕捉前置码的突发调制/解调器问题。

（3）RA/CDMA。

当把扩频调制与前向纠错用于 ALOHA 多址协议时，便可以改善异步 ALOHA 方式的性能。特别是当使用 FEC 时，其容量有可能提高到 0.2～0.3。虽然设备复杂性要比 SREJ-ALOHA 高一些，但 RA/CDMA 在容量方面有较大的竞争性，因而引起了人们的重视。

在 RA/CDMA 系统中，同样存在不稳定的问题。为了解决这一问题，也需要合理地选择重发延迟。

2）时隙争用/随机多址协议

（1）S-ALOHA：S-ALOHA 是典型的时隙争用多址协议。它适合传输固定长度的报文，是一种简单而且很有效的随机多址协议。尽管在实际系统中，由于划分时隙而大大增加了设备的复杂性，但仍然得到了广泛应用。理论计算得出，其最大吞吐量为 0.368。

（2）冲突分解算法（Collision Resolution Algorithm，CRA）多址协议：它是采用冲突分解算法的随机多址协议。这种协议适合于传输固定长度的报文。它基于一种算法，使碰撞的分组依次重发，或者说是基于有规则的重发程序和新报文入网规则。它与 S-ALOHA 不同，不是采用随机延迟和自由入网。如果碰撞分解程序收敛，则可保证信道能稳定地工作。采用这种冲突分解算法的容量一般可能达到 0.43～0.49。正是由于它具有这样一些优点，且性能优于 S-ALOHA，所以这种多址协议也受到了人们的关注，并仍在进一步研究和发展中。

4. 预约/可控多址协议

当前，以 TDMA 为基础的按需分配多址（Demand Assignment Multiple Access，DAMA）方式在数据卫星通信系统中受到了极大的关注。DAMA，就是根据用户通信的需要将卫星信道动态地分配给各个用户。既然要动态地分配信道，也就必须对它加以控制。地面用户终端对时隙的需要和占用，必须进行预约申请。为此，在 DAMA 方式中，多址协议应包含两个方面的内容，即两层信道和多址；一层是预约申请信息的信道和多址；另一层则是对用户的实际数据报文的信道和多址。从协议的角度来看，DAMA 就是利用短的申请分组，为长的数据报文分组在卫星信道上预约一段时间，从而使多址数据分组的碰撞问题通过预约控制加以解决。一旦预约申请成功，便可使数据分组无碰撞地到达接收端。

DAMA/TDMA 方式，特别是对于长报文，它是一种可行的多址协议，但是对于短报文，DAMA 方式的容量并不比随机时分多址方式优越。

目前已开发出多种网络协议，例如，预分配 FDMA、预分配 TDMA、按需分配 FDMA/TDMA、争用 TDMA 和 CDMA 等。至于选择哪种协议，则与用户业务的性质和要求有关。

特别需要注意的是在一个卫星通信网络中，可能混合应用多种网络协议，并且新的网络协议也在不断出现。

1.3.3　VSAT 网络工作原理

在 VSAT 卫星通信网络中，由主站通过卫星向 VSAT 站发送数据通常称为外向（outbound）传输，由各地球站向主站发送数据称为内向（inbound）传输。与之对应的信道分别称为外向控制信道（Outbound Control Channel，OCC）和内向控制信道（Inbound Control Channel，ICC）[11]。

　　1. 外向传输

由主站向各 VSAT 地球站的外向传输，通常采用时分复用或统计时分复用方式。首先，由主计算机将发送的数据进行分组并构成 TDM 帧，以广播方式向网内所有地球站发送。而网内某地球站收到 TDM 帧以后，根据地址码从中选出发给本地球站的数据。根据一定的寻址方案，一个报文可以只发给一个指定的地球站，也可以发给一群指定的地球站或所有的地球站。为了使各地球站可靠地同步，数据分组中的同步码特性应能保证 VSAT 地球站在未加纠错和误比特率达到 10^{-3} 时仍能可靠地同步。而且主站还应向网内所有地面终端提供 TDMA 帧的起始信息。当主站不发送数据分组时，只发送同步码组。

　　2. 内向传输

在 RA/TDMA VSAT 网中，各地球站用户终端一般采用随机突发方式发送数据。根据卫星信道共享的多址协议，网内可同时容纳许多地球站。当 VSAT 地球站通过一定延迟的卫星信道向主站传送数据分组时，由于 VSAT 站受 EIRP（Effective Isotropic Radiated Power）和 G/T 值的限制，一般收不到自己所发的数据信号，因而地球站不能采用自发自收的方法监视本站数据传输的情况。如果是争用信道，则必须采用 ACK 方式。也就是说，当主站成功地收到地球站数据分组后，需要通过 TDM 信道回传一个 ACK 信号，表示已成功地收到了地球站所发的数据分组。相反地，如果由于分组发生碰撞或信道产生误码，致使地球站收不到 ACK 信号，则地球站需要重新发送这一数据分组。

RA/TDMA 是一种争用信道，如 S-ALOHA 方式就属于这一种。各地球站可以利用争用协议，共享卫星信道。根据 S-ALOHA 方式的工作原理与协议，各地球站只能在时隙内发送数据分组，而不能超越时隙界限。换句话说，数据分组长度可以改变，但最大长度不允许超过一个时隙的长度。在一帧内，时隙的多少和它的长短可以利用软件程序根据应用情况进行确定。

在 VSAT 网络内，所有共享 RA/TDMA 信道的地球站，它们所发的数据分组必须有统一的定时，并与帧和时隙的起始时刻保持同步。而这统一的定时信息从主站所发的 TDM 帧的同步码中提取。

TDMA 数据分组包括前同步码、数据字符组、后同步码和保护时间[12]。前同步码由比特定时、载波恢复、前向纠错以及其他开销组成。数据字符组则包括起始标志、地址码、控制码、用户数据、循环冗余校验位和终止标志。其中控制码主要用于地球站发送申请信息。

根据 VSAT 网络的卫星信道共享协议，网内可以同时容纳许多地球站，至于能够容纳的最大站数，取决于地球站的数据速率。由以上 VSAT 网络的工作原理可以看出，它与一般的卫星通信网不同。因为在链路两端的设备不同，执行的功能不同，内向和外向传输的业务量不同，内向和外向传输的信号电平也有相当大的差别，所以 VSAT 网络是一个非对称网络。它的输入内向链路与输出外向链路在数目与速率方面也是不对称的。

如果 VSAT 网络还与其他通信网互连，则应该注意外部通信网也有自己的数据传输规程，这时由于两网的数据传输规程不同，还必须在网络接合部接入网间连接器(或称网关(gateway))，以便能实现数据传输规程的转换。VSAT 网络与其他网络或终端互连的示意图如图 1.6 所示。

为了保证 VSAT 网络正常、可靠地运行，必须对网络的运行进行监视、维护、测试与控制等，这些都属于网络管理的内容。网络管理系统是 VSAT 网络的核心，它是关系到 VSAT 网络运行成功与否的关键因素，要求高度可靠。网络管理的内容十分丰富，涉及许多技术问题，因此无论是 VSAT 网络的设计，还是它的运行，都应对网络管理系统给予高度重视。

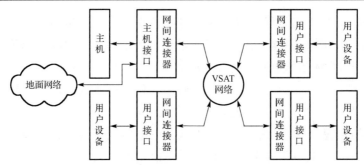

图 1.6　VSAT 网络与其他网络或终端互连的示意图

1.4　VSAT 远端站的组成

VSAT 站由小口径天线、ODU 和 IDU 三部分组成。VSAT 站组成基本框图如图 1.7 所示。其中，PA（Power Amplifier）是功率放大器，简称功放；MOD（Modulation）是调制器；DEMOD（demodulation）是解调器；U/C（Up Convertor）是上变频器；D/C（Down Convertor）是下变频器。在这里三个部分合在一起按设备进行讲解[2]。

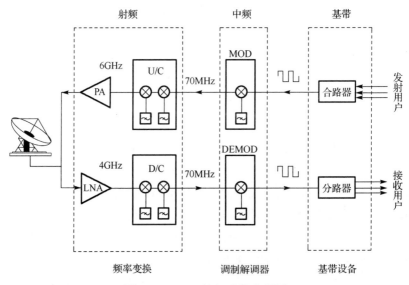

图 1.7　VSAT 站组成基本框图

1.　天馈设备

天馈设备的主要作用是将发射机送来的射频信号变为对准卫星的定向电磁波；

同时收集卫星发来的电磁波,将其转变成电信号送到接收设备。通常,地球站的天线是收、发共用的,为了使收、发信号隔离,需要接入双工器,也称为收、发转换开关。从双工器到收、发信机之间有一定长度的馈线连接,它起传输能量的作用。为了使天线的波束对准卫星,对于大型标准的地球站,通常还应该有天线跟踪设备。

1) 天线

由于地球站通常工作在微波波段,所以地球站天线通常是面天线。小型地球站常采用"偏馈天线",也可采用"抛物面天线"和"卡塞格伦天线"。

图 1.8 是抛物面天线原理示意图,它由馈源和反射器组成。反射器是一个旋转抛物线形成的抛物面,馈源的相位中心位于抛物面的焦点。发射时,电磁波从馈源辐射到反射器,经反射器反射后聚焦形成窄波束射向卫星。接收时,由反射器接收的信号能量汇集到焦点处,进入馈源送到接收设备。抛物面天线结构简单,容易调整,增益和效率适中。其缺点是,当天线仰角较小时,地面噪声很容易从反射器边缘进入馈源(此时,馈源喇叭对着地面),使天线的噪声温度升高。

图 1.9 是卡塞格伦天线原理示意图,它由馈源、抛物面主反射器和双曲面副反射器构成。馈源的"等效辐射中心"与副反射器的共轭焦点 F_1 相重合。发射时,由馈源辐射出来的电磁波首先投射到副反射器上,而副反射器再把电波反射到主反射器上,主反射器便将发散状态的波束变为平行窄波束发向卫星,于是增强了方向性。在接收时,电磁波路径与上述过程相反,天线口面上的电波将在馈源处同相相加,从而增大了接收信号的功率。卡塞格伦天线有许多优点,首先是因为馈源位于主反射器的顶点附近,馈线短、损耗小,且馈源能安装得较稳定,有助于形成指向准确的高增益窄波束天线;其次是地面噪声不易进入馈源(因馈源指向天空)而形成干扰,因此噪声温度很低。

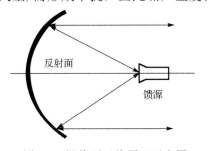

图 1.8　抛物面天线原理示意图

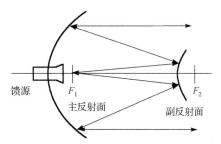

图 1.9　卡塞格伦天线原理示意图

图 1.10 是应用于小型卫星地球站(VSAT)的偏馈天线示意图。偏馈天线系统中,馈源的放置位置偏离天线反射面的几何对称轴,因而消除了其他形式天线中

馈源喇叭或副反射器及其支撑结构所引起的遮挡效应,再加上反射面的优化设计,偏馈天线具有效率高、旁瓣电平低等特点。与普遍抛物面天线相比较,在相同仰角下,偏馈天线的馈源以较高的仰角指向天空,因而地面反射噪声较小。

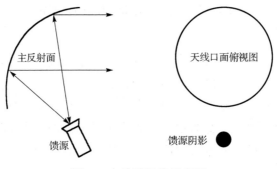

图 1.10　偏馈天线示意图

偏馈天线发射面一般为圆形,但美国休斯网络系统公司的 VSAT 系统中,当天线口径在 1m 以下(含 1m)时,采用矩形反射面。

2)馈线设备

如前面所述,在收、发共用天线的系统中,馈线设备除包括波导外,主要是一个双工器,它起传输能量和分离收、发信号的作用。图 1.11 是馈线系统组成方框图。

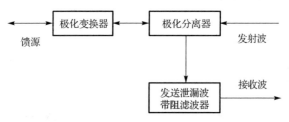

图 1.11　馈线系统组成方框图

收、发信号的分离是利用频率和极化方式不同来完成的。上行载波频率和下行载波频率是不相等的,因此可利用滤波器实现信号的分离。图 1.11 中的发送泄漏波带阻滤波器就是为了防止发送载波信号馈入接收机而设置的。在采用频率再用(reuse)技术的卫星转发器系统中,上行载波和下行载波的极化方向也不一样,它们相互正交,从而可利用极化分离器实现收、发信号的隔离。在 C 波段(上、下行频率分别约为 6GHz 和 4GHz),多采用圆极化波在空间发送,相互正交的圆极化波是左旋极化波和右旋极化波。在 Ku 波段(上、下行载波频率分别为 14GHz

和 12GHz），则采用线性极化波，相互正交的线性极化波是水平极化波和垂直极化波。在采用圆极化波的卫星通信系统中，地球站必须把发射机波导送来的线极化波变换为按一定方向旋转的圆极化波发往空间，在接收方向则是把按一定方向旋转的圆极化波变换为线极化波，图 1.11 中的极化变换器就是实现这种线-圆极化变换的。

2. 发射设备

发射设备的主要任务是将已调制好的中频（一般为 70MHz）信号经上变频器变换为射频信号（上行载波频率），并将功率放大到一定水平，经馈线送到天线向卫星发射。

图 1.12 是地球站发射设备的组成方框图，它由上变频器、本振、自动功率控制电路、发射波合成装置、激励器和大功率放大器组成。

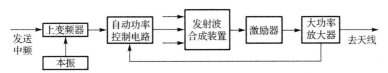

图 1.12　地球站发射设备的组成方框图

由于技术上的限制，目前在卫星转发器中，还不可能采用高增益天线和低噪声放大器，因而要求地球站能向卫星发射大功率信号，地球站功率放大器的输出功率最大可达数百瓦至数千瓦。

自动功率控制电路的作用是把输出功率的波动限制在额定值的±0.5dB 以内。发射波合成装置是将多个已调载波合在一起送到放大器去放大[13]。

3. 接收设备

接收设备的主要任务是把天线收集的来自卫星转发器的有用信号，经下变频器变换为中频信号后，送给解调器解调。图 1.13 是地球站接收设备的组成方框图。它主要由低噪声放大器、混频器（下变频方式）、本振源等组成。

由于从卫星接收到的信号非常微弱，为了减少接收机内部噪声的干扰影响，提高接收灵敏度，接收设备必须首先使用一个低噪声微波前置放大器对接收信号进行放大。并且，为了减少馈线损耗的影响，该放大器一般安装在天线上。目前，在微波段使用的低噪声放大器有低温致冷参量放大器（简称冷参）、常温参量放大器（简称常参）和微波场效应晶体管放大器（Field-Effect Transistor Amplifier，FETA）。

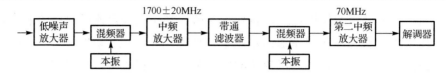

图 1.13　地球站接收设备的组成方框图

由低噪声放大器输出的射频信号，经过下变频器变换为中频信号，通常中频为 70MHz。下变频器既可采用一次变频方式，也可采用二次变频方式。前者电路较简单，但频率灵活性差，对那些仅需接收单个卫星转发器信号的小型地球站比较合适。后者对载波中心频率变化的适应性强，应用较广泛。但由于它在混频前是宽带的，卫星转发器的所有载波均能进入混频器中，对混频特性的线性提出了严格要求。采用二次变频方式时，第一中频一般使用 lGHz、1.4GHz 或 1.7GHz，第二中频仍为 70MHz。

4. 信道终端设备

信道终端设备分为上行和下行两部分。信道终端设备的上行部分位于用户设备和发射设备之间，它将用户送来的基带信号进行处理并调制为中频信号。下行部分位于接收设备和用户设备之间，它把接收设备送来的中频信号进行放大、解调，最后对基带信号进行处理，并送给用户设备。

5. 电源设备

地球站电源设备要供应站内全部设备的电能，因此电源设备的性能优劣将影响卫星通信的质量和设备的可靠性。现代卫星通信系统，一年中要求 99.9% 的时间不间断地、稳定可靠地工作。电源设备必须满足这一要求。特别是大型地球站，一般要有几种供电电源，即市电、发电机和蓄电池。正常情况下是利用市电，一旦市电中断，即由应急发电机供电。在发电机启动到正常供电期间，由蓄电池加交流逆变器短期供电作为过渡。平时，蓄电池是由市电通过整流器对其进行浮充的，以备急用。对于小型地球站，可直接配置不间断电源(Uninterruptible Power System，UPS)，外加发电机。

1.5　中国民航 C 波段 VSAT 卫星通信网络概况

中国民航 C 波段 VSAT 卫星通信网络采用美国休斯网络系统公司的 TES 和 PES 卫星通信设备，通过鑫诺 1 号通信卫星把遍布全国近 300 多个民航机场的卫星地球站和 VHF 站连接成为一个大型网络互连系统,进行话音通信和高速数据交换[14]。

中国民航 C 波段卫星通信网络不仅可以进行话音通信和高速数据交换,而且可以完成转报、分组交换和雷达数据传输等功能。

中国民航 C 波段卫星通信网络包括主用网络控制中心、备用网络控制中心、鑫诺 1 号通信卫星 8B 转发器、卫星 TES 网络系统和 PES 网络系统。该网络中的七个地区级民航管理局远端站分别是华东、华北、中南、西北、西南、东北和乌鲁木齐。其中,TES 和 PES 站属于 VSAT 站。TES 网络和 PES 网络分别采用了不同的网络拓扑结构,TES 系统采用的是混合型网络拓扑结构,而 PES 系统则采用的是星状网络拓扑结构。

1.5.1　网络控制系统

网络控制系统(Network Control System,NCS)(或网络控制中心或网络管理中心)是 VSAT 网络的核心,它关系到 VSAT 网络运行成功与否。其作用是保证 VSAT 网络正常、可靠地运行,并对网络的运行进行监视、维护、测试与控制等。因此,要求网络控制系统高度可靠。

网络管理系统随着 VSAT 网络性质不同也有所不同。对于单一用户的专用网,用一个管理设备进行监控即可,而对于公用网一般要分为两级管理,高一级管理整个网络,低一级则管理属于用户的部分网络。

1. 网络控制系统功能

通常,VSAT 网络的各种网络管理功能分布在网络的各个组成部分上。主站有一个较大的处理机或工作站,用以处理网络的数据库和全部非实时的网络管理工作。实时的网络管理功能则分布在网内其他处理设备内,其中包括 VSAT 站、主站的处理设备和主站的网络管理计算机。为了保证网络管理系统的高度可靠,通常均要求硬件与软件有备份。

网络管理系统的功能概括起来包括行政管理、网络运行管理和规划管理三方面的内容。行政管理主要包括网络结构管理、计费管理、设备管理以及安全管理等。网络运行管理包括数据收集、归档和记录报告的产生、操作接口、网络监控及网络资源使用以及故障监视与告警等。规划管理主要是向规划人员提供足够的信息和数据,协助他们作出最佳设计。这里,参考有关的 TDM/TDMA 系统,较具体地介绍一下网络管理系统的主要功能。

1) 网络结构管理

操作员通过操作台加入和删除远端站，加入和删除网络接口，增减内向和外向卫星信道,其中包括分配给远端站的信道,改变网络的硬件和软件以增加 VSAT 网络的功能。

2) 网络控制功能

操作员可以启动或关闭某一远端站或用户终端接口，并能使用户终端接口进行复核或重新启动。

3) 数据库管理

网络结构信息要存入有关的数据库。换句话说，网络部件和端口配置等都是以数据库形式将网络运行中过去和当前的信息存入主站的主计算机。这些数据库包括以下几种。

(1)确定全网定时单元的系统数据库。

(2)确定网络各处理单元硬件配置的硬件数据库。

(3)关于网内通信接续的数据库。

(4)关于 TDMA 时隙的多处数据库。

4) 外向加载功能

网络管理中心能开启远端站引导程序。

5) 状态监测与控制

网络管理中心定期采集关于网络状态的工作数据，并记录于数据库中。操作员可通过访问数据库，监测网络的工作状态，实现故障的告警和设备的切换。

6) 异常事件报告和登记

网络有关部件发生异常时，能及时向网络管理中心报告，经分析后将有关信息登记于数据库中，以便进行相应的处理。

7) 安全管理

安全管理主要是指保密管理，特别是密钥管理，它既涉及密钥设备的维修又能防止无权用户使用网络资源和管理设备，并使已被放弃的网络部分失效以及禁用某些部件，以防危害网络的运行。

8) 给操作员提供良好的人机接口

给操作员提供良好的人机接口以实现包括命令、响应、告警显示等功能，为了完成网络管理与控制功能，当网络管理与控制系统采用多台处理机时，一般都要求主站的管理计算机与其他处理设备之间相互协同工作。在主站内，各处理机之间以一定的局域网(如以太网)互连形式解决数据传输。而主站的网络管理中心与 VSAT 远端站的网络管理模块之间，则组成一个星形网络，解决相互间的数据传输。

2. 网络控制系统组成

网络控制系统终端设备是一台或多台网控计算机，其上配有网络控制系统软件。中国民航 C 波段卫星通信网络控制系统控制与管理 TES 系统和 PES 系统。网络控制系统方框图如图 1.14 所示。

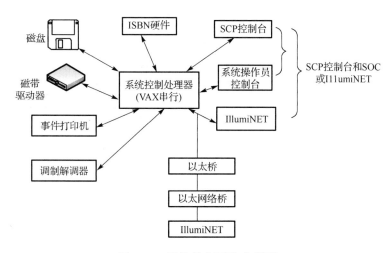

图 1.14　网络控制系统方框图

网络控制系统的主要设备是卫星通信主站设备。中国民航 C 波段卫星通信网络主站由 6.3m 卡塞格伦天线，40W Comtech EFDATA 公司高功放、高频、中频和基带设备以及卫星网络管理控制设备组成。中国民航 C 波段卫星通信网络主站设备如图 1.15 所示。

在中国民航 C 波段卫星通信网络中，TES 网络系统和 PES 网络系统均使用鑫诺 1 号通信卫星，使用整个 8B 转发器，上行链路采用垂直极化，下行链路采用水平极化，共 36MHz 带宽(6205±18MHz/3980±18MHz)。

1.5.2　TES 网络系统

TES 网络系统是一种 VSAT 网络，其网络结构如图 1.16 所示。

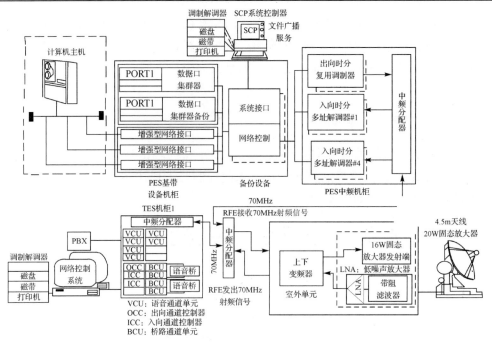

图 1.15　中国民航 C 波段卫星通信网络主站设备

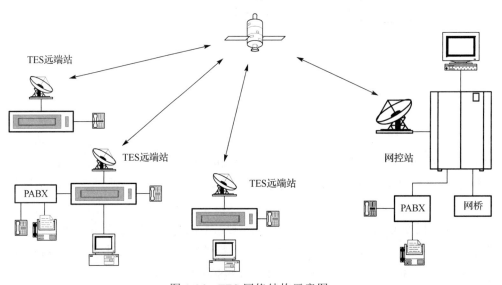

图 1.16　TES 网络结构示意图

　　TES 利用 Ku 波段或 C 波段卫星采用 FDMA 方式实现与网络控制系统和远端站间的通信。每个远端站包括室外设备和室内设备，室外设备由天线和射频设备

(Radio Frequency Terminal，RFT)组成，室内设备由信道单元及基带和中频(Intermediate Frequency，IF)设备组成。

TES 系统使用 QPSK 或 BPSK 调制方式，取决于所支持的用户信息速率和编码速率。系统提供码率为 1/2 或 3/4 的前向纠错编码。

TES 系统支持网中任意两个远端站间直接进行话音、同步和异步数据通信。远端站间直接传输话音和数据，因此卫星传输时延最小。远端站间话音电路按用户拨号序列建立，并受网络控制系统的中央 DAMA 处理器的控制。系统中话音电路采用 DAMA 操作方式，话音电路只在电路连接期间分配；数据电路采用预分配多址(Pre-Assignment Multiple Access，PAMA)方式，通过单跳的单路单载波信道(Single Carrier Per Channel，SCPC)实现两地球站间的通信，支持点到点或点到多点的同步和异步数据通信，提供点到点的、固定和连续的连接。

卫星信道也可在系统配置中分成不同的频率池(bandwidth pool)，为用户话音电路提供不同的接入概率，即对系统内不同的用户提供不同等级的话音服务。

1.5.3　PES 网络系统

综合卫星商业网(Integrated Service Business Network，ISBN)，又称 PES 系统。在中国民航 C 波段卫星通信网系统中主要提供数据通信服务，它由一个主站(Hub)和很多个 PES 远端站组成，为星状拓扑结构，可以提供主站与远端站的点到点双向连接或主站到多点的广播方式传输[15]。

ISBN 主站到远端站的数据通道称为"外向信道(outroute)"，外向信道采用 TDM 技术，它将一连串不同长度的数据包复用成一个 512Kbit/s 的连续比特流。系统根据服务级别的不同，定期轮询主站的各个端口。被询问的端口可以发送全部或部分在本端口上排队的数据包，这些包经复用后，通过外向信道广播到卫星接收远端站[16]。

远端站到主站方向的传输称为"内向信道(inroute)"，包括多个互相独立的 128Kbit/s 的数据通道，每个内向信道采用 TDMA 技术。远端站的各个端口根据系统分配的信道大小、传输方式，按规定的时间将本端口的数据打包，通过内向信道，以突发帧的方式传输到主站。网络控制系统根据每个用户的实际需要，对主站和远端站的相应端口进行协议、发送时间段等参数的配置。PES 系统支持多种协议的数据传输，提供专线、转发、竞争三种传输方式。PES 网络结构如图 1.17 所示[17]。

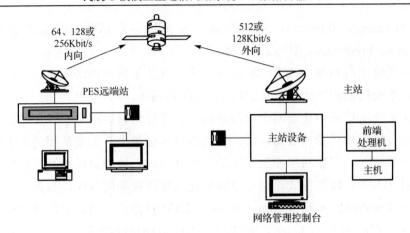

图 1.17　PES 网络结构示意图

　　中国民航 C 波段卫星通信网络 PES 网络系统由设在中国民航空中交通管理局的主站和 98 个分布在全国各地的民航机场及航站的 PES 远端站组成,使用鑫诺 1 号通信卫星 8B 转发器的频带建立空间链路传输数据。

第 2 章　中国民航 TES 系统

中国民航 C 波段卫星通信网络 TES 系统由 162 座远端站和主备两个网络控制系统，共 1346 多块信道单元组成，分布在中国各个民航机场和相关导航台。主用网络控制系统位于中国民航空中交通管理局，提供网络管理和控制；备用网络控制系统位于中国民航中南空中交通管理局广州卫星站[18]。

2.1　TES 系统概述

中国民航 C 波段卫星通信网络 TES 系统采用网状和星状混合的网络拓扑结构，支持话音和数据的混合业务。传输话音和数据的业务信道采用网状拓扑结构；控制信道（内向和外向）采用星状拓扑结构。可以在任意的 TES 站安装网络控制系统对整个网络进行管理和控制。TES 系统结构如图 2.1 所示[15]。

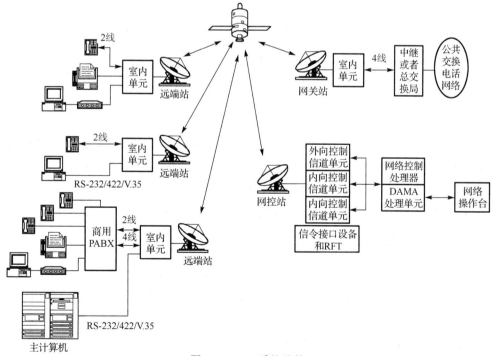

图 2.1　TES 系统结构

2.2　TES 系统组成

TES 系统由许多远端站(网络节点)和网络控制系统组成。TES 节点为用户提供访问整个系统的功能。网络控制系统可以位于系统中的任意一个 TES 节点上。TES 网络如图 2.2 所示。

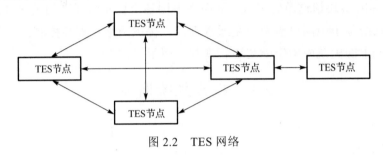

图 2.2　TES 网络

TES 节点可以分为三种：远端站、网关站和网控站。

2.2.1　TES 网控站

网控站，即网络控制系统(或网络控制中心)站，是 TES 网络运行的管理和控制中心。网控站的配置与远端站相似，不过它的终端设备是一台或多台网控计算机。网络控制系统管理和控制整个网络，并完成卫星电路的 DAMA 功能。这些功能由与操作员控制台相连的中央处理器和数据库以及远端站监控设备一起实现。

在网络控制系统站中，IDU(或地面接口设备)也称为信道控制设备(Channel Control Equipment，CCE)，为专门用于网络管理的 TES 控制机箱。其中的 CU 板配有专门的软件，故称为控制信道单元(Control Channel Unit，CCU)，它提供对空间段的访问，使远端站的通信变得容易。

1. 网络控制系统硬件组成

在中国民航 C 波段卫星通信网络 TES 系统中，网络控制系统是与每个远端站的 CU 板相互配合完成网络管理与控制功能的。小型的 TES 系统网络控制系统的组成示意图如图 2.3 所示。

小型的 TES 系统网络控制系统硬件组成如下。

(1)计算机单元(工作站)。

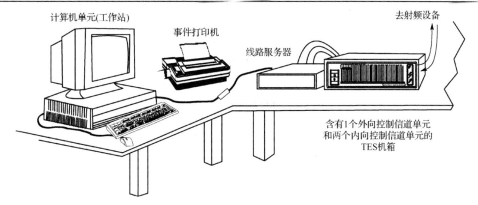

图 2.3　小型的 TES 系统网络控制系统的组成示意图

① 处理器。

a. 网络控制处理器(Network Control Processor，NCP)。

b. 虚拟操作控制台(Virtual Operating Console，VOC)。

c. 按需分配多址处理器单元(Division Processing Unit，DPU)。

② 磁带驱动器。

③ 磁盘驱动器。

(2)事件打印机。

(3)线路服务器。

(4)TES 站 IDU、CCU(TES 机箱包括一个外向控制信道单元(Outbound Control Channel Unit，OCCU)和两个内向控制信道单元(Inbound Control Channel Unit，ICCU))。

其中，计算机单元用以处理网络的数据库和全部非实时的网络管理工作，实时的网络管理功能则分布在网内其他处理器设备内，其中包括 VSAT 站、主站的处理设备和主站的网络管理计算机。线路服务器用于主用网络控制系统与备用网络控制系统之间的实时通信，也用于与地面公共数据和话音交换网络进行连接。而 OCCU 和两个 ICCU 则用于对远端站进行控制、调试、配置和管理。

我们也可以简单地将网络控制系统分成 NCP、网络服务器(Network Service Processor，NSP)和网络操作控制台(Network Operating Console，NOC)三个部分。

网络控制系统提供的功能包括：DAMA 处理、网络数据记录、网络操作员接口、网络配置、网络控制和调试以及网络控制系统本地控制。

2. 网络控制系统软件子系统

网络控制系统软件由三个软件子系统构成，如图 2.4 所示。

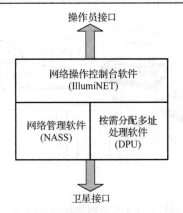

图 2.4　网络控制系统软件系统构成示意图

(1) 网络操作控制台软件子系统 (Operating Console Subsystem，OCSS)，特命名为 IllumiNET。TES 系统为操作员提供一种彩监表格形式的接口，为支持这种彩监人机接口，有关处理机必须加装 OCSS 软件。

(2) 网络管理软件子系统 (Network Administration Subsystem，NASS) 是网络控制系统的核心。它维持系统配置数据库，网络控制系统只包含一个 NASS，包括以下几部分。

① 远端站的配置数据和操作。

② 管理和控制功能。

(3) 按需分配多址处理软件子系统 (Demand Assignment Multiple Access Processing Subsystem，DPSS)，也称为 DPU。它负责呼叫的 DAMA 处理，DPSS 往往采用备份配置，完成如下功能。

① 处理远端站的 DAMA 申请。

② 网络数据 (统计等)。

这三个网络控制系统的软件子系统分别由 NCP、NSP 和 NOC 执行。

3. CCE

CCE 也是一个标准 TES 机箱，但其中插入的是 CCU。每块 CU 板支持一个控制信道。网络控制系统通过 CCE 和通信卫星与远端站进行通信。CCE 的配置如图 2.5 所示，其中 DEC 服务器为 DEC 公司生产的服务器。

CCE 配置至少包括三块 CCU 板，即两个 ICCU 和一个 OCCU。其基本配置要求如下。

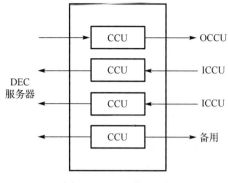

图 2.5　CCE 的配置

(1) 通常一个网络有一个 OCCU 用于外向信道业务，两个 ICCU 用于内向信道业务，还有一个备用。

(2) 每个 CCU 占用一个控制信道。

(3) 与其他 CU 一样，CCU 与 RFT 相连接。

(4) CCU 通过线路服务器端口与网络控制系统连接。

(5) OCCU 使网络控制系统的外向信道数据转换为高级数据链路控制 (High-Level Data Link Control，HDLC) 流。

(6) 远端站 ICCU 将 HDLC 流转换为网络控制系统内向信道的数据。

(7) OCCU 接收自己的发送信号用于环路监视。

(8) ICCU 定期发送测试信号 (由网络控制系统控制) 用于环路监视 (在它们各自的内向信道上)。

(9) 网越大，需要的 ICCU (和 OCCU) 越多。

网络控制系统可能配置包括多台处理机，各处理机之间由以太局域网互连协同工作。而 CCU 则通过一个服务器接口访问以太局域网从而实现与各处理机之间的通信。

CCU 的功能是将从网络控制系统传来的数据去掉填充字节，并构造 HDLC 帧，然后通过外向信道发射。从内向信道收到 HDLC 帧数据后，CCU 取出其中数据并填充相应字节后送往网络控制系统。网络控制系统处理机把 CCU 视为一系列的可读/写的端口。其另外一个功能是进行信道监视，在系统运行期间，每个 CCU 都可进行连续的卫星环路监视。在其内向信道上发送测试数据流，然后接收它以监视 ICCU。

4. 网络控制系统的不同配置

根据不同的要求，网络控制系统可由单台和多台处理机构成。多机配置时由以太局域网电缆连接各处理机。网络控制系统的三个软件子系统可分别配置在几台相应的处理机内，并且可实现资源共享。

1）Ⅰ类网络控制系统配置

Ⅰ类网络控制系统配置如图 2.6 所示。

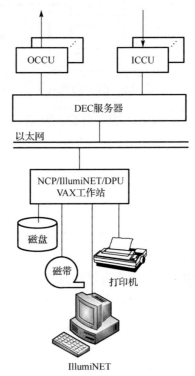

图 2.6　Ⅰ类网络控制系统配置

（1）一个支持机器语言和虚拟地址的 32 位小型计算机（Virtual Address Extension，VAX）工作站用作 NCP、DPU 和一个 IllumiNET。

（2）每个网络控制系统设备有一个节点名，如 TES081。

（3）以太网线路通常用于各系统单元接口。

① 细线以太网最长支持到 600ft[①]。

② 标准的或宽带以太网用于更长的距离。

（4）以太网允许资源共享。

（5）最小配置时无冗余备份。

---

① 1ft = 3.048 × 10⁻¹m。

I 类网络控制系统中所有软件子系统由一台 VAX3100 工作站支持。

2) I 型备份网络控制系统配置

I 型备份网络控制系统配置如图 2.7 所示。

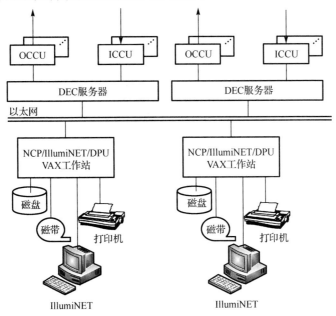

图 2.7 I 型备份网络控制系统配置

(1) 两个 VAX 工作站，TES801 和 TES802 用于网络控制系统。

(2) 一套 I 型网络控制系统的配置。

(3) 另一套为备份。

(4) 自动转换。

这是一个具有简单 DAMA 备份功能的网络控制系统配置。在这种配置中，对 DAMA 功能设置了备份。第一台处理机为 NCP，它具有全部网络控制系统功能，但其中 DPSS 为备份软件。第二台处理机为 DAMA 专用处理机，作为主 DAMA 专用处理机使用。

3) II 型备份网络控制系统配置

II 型备份网络控制系统配置如图 2.8 所示。

(1) 在 II 型备份网络控制系统配置中需要四个 VAX 工作站，节点名分别为 TES081、TES082、TES281 和 TES282。

(2) 其中一对机器 (TES081 和 TES082) 用于网络运行。

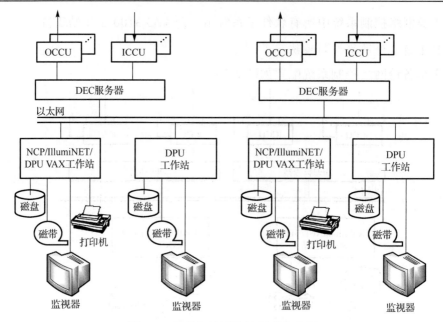

图 2.8　Ⅱ型备份网络控制系统配置

(3) 剩下的一对为它们的备份。

(4) 由于 NCP 和 DPC 在不同的机器上运行，处理呼叫更加迅速。

Ⅱ型备份网络控制系统配置是具有更强 DAMA 备份功能的网络控制系统配置。这种配置用三台处理机完成网络控制系统功能。其中两台为 DAMA 专用处理机，一主一备。另一台配 NASS 和 OCSS 并支持 NOC。

此处在配置中还考虑了 CCE 的备份。通过租用地面线路连接另一地点的 CCE 和 RFT 作为备份。

4) 高性能的网络控制系统配置

还有一种高性能的网络控制系统配置，在这种配置中使用多台处理机完成网络控制系统功能。其中两台处理机专门用于 DAMA 处理，互为备份；第三台作为网络管理专用机使用，只配 NASS。另外两台为 NOC 专用处理机，只配 OCSS 软件，为网络操作员提供两个人机接口。此配置中也包括了远端 CCE 备份。

5) 网络控制系统处理机配置要求

对构成网络控制系统的多台处理机，根据所支持的软件不同，可分为 NCP 和 NSP。

支持 NASS 软件的处理机称为 NCP，如图 2.9 所示。当然 NCP 也可以同时支持 DPSS 和 OCSS。

支持 DPSS 和 OCSS 的处理机称为 NSP，如图 2.10 所示。它们与 NCP 配合完成网络控制系统的部分功能。支持 DPSS 的机器称为 DAMA-NSP；支持 OCSS 的机器称为 NOC-NSP。

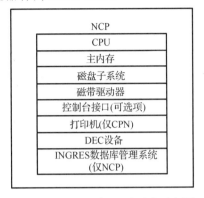

图 2.9　NCP 处理机配置要求示意图　　　　图 2.10　NSP 处理机配置要求示意图

需要说明的是 OCSS 软件并不需要专门的处理机来支持。

6) 典型的网络操作控制台 (IllumiNET)

IllumiNET 用于设置、控制和监视网络。一个系统中最多可以有 8 个 IllumiNET。典型的网络操作控制台 (IllumiNET) 如图 2.11 所示。

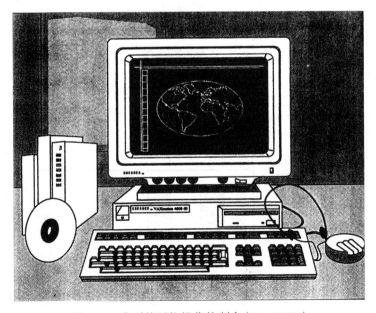

图 2.11　典型的网络操作控制台 (IllumiNET)

2.2.2　网络管理和控制

TES 系统的网络操作员提供一套完善的系统管理手段，包括网络配置、故障检测、故障隔离和系统的控制操作。

1. NOC

NOC 是 TES 系统为网络操作员提供的人机接口，包括彩色监视器、键盘和鼠标等设备。

1) 屏幕显示格式

操作员可按屏幕显示的固定格式输入和显示数据。显示屏可划分为几个功能区：标题行、响应行、快速访问行、数据显示/输入区和功能键说明区。

2) 屏幕对话操作

通过 NOC 屏幕上提供的一系列表格，操作员可与系统进行对话操作，包括屏幕选择、数据输入、功能选择、数据处理和响应，如图 2.12 所示。

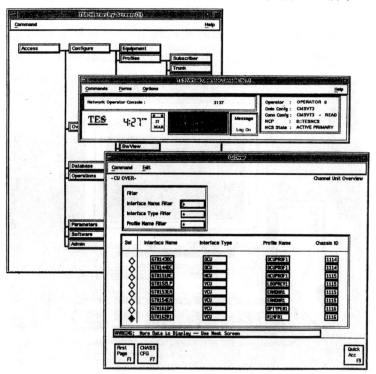

图 2.12　NOC 操作屏幕示意图

3) 访问限制

网络操作员访问 TES 系统的方式是受限制的。网络操作员只有输入合法操作员名和口令字后才能访问系统，网络操作员访问系统能力的大小受其操作员类型限定。TES 系统定义了两类操作员：用户及网络管理员。

2. 系统参数配置

系统参数配置包括物理配置数据和操作模式配置数据。网络操作员可配置上述系统数据、查看当前网络配置、定义新的部件、修改现有部件的有关参数和取消某些部件。

1) 地面接口设备(Terra Interface Equipment，TIE)配置数据

TIE 配置数据如下。

(1) CU 标识符：TES 机箱号加上插槽号。

(2) CU 卫星频率选择：主要是 CU 板要用的内向信道频率。

(3) CU 参数：其他 CU 参数是在 NOC 上配置好后，经外向信道下注加载到 CU 板上。对于电话接口，包括信令方案和编号结构等参数；对于数据接口，包括线路速率和类型。

2) 网络控制系统参数配置

网络控制系统参数配置包括控制信道频率、用户频率和编号参数。

3) 配置数据库

系统所有设备和接口的配置都以"配置数据库"的形式存储在磁盘上。网络控制系统可以同时支持多个配置数据库，它们可以分别对应系统当前的、过去的或将来的配置情况。

(1) 数据库的状态。数据库可处于"在线"(online)或"离线"(offline)状态，但同时只能有一个数据库处于"在线"状态。

(2) 数据库的连接。网络操作员要访问某个数据库内的数据时，NOC 便与那个数据库建立连接。

4) 故障检测

(1) 事件。

当系统内出现故障时，会自动产生"事件"报告提醒操作员。事件的处理分为以下情况。

① 事件的分类和严重等级。每个事件均附有一个严重等级标志，每个事件都归入某一事件类别。

② 事件的监视。网络操作员通过 NOC 屏幕标题行上的事件类型指示器来监视网络中发生的事件。

③ 事件的清除。

(2) 综合状态信息。

综合状态信息向网络操作员提供的是 CU 板和控制信道工作状态的情况。该信息由网络控制系统周期性地向各 CU 轮询后得到。

5）故障隔离

故障隔离就是网络操作员借助 TES 系统所提供的一些功能进一步确定故障的原因和位置。为此，除了"事件"和综合状态信息，还可能需要以下更详细的状态信息。

(1) 详细状态信息。网络控制系统可以直接查询并显示某个具体部件的最新的详细信息。

(2) 统计信息。有关某部件的统计信息（使用和故障情况）定时传到网络控制系统并建档。

(3) 呼叫记录。在故障诊断过程中，可以调看这些呼叫记录（完成/未完成呼叫记录）。

6）系统控制

一旦诊断出某种故障，可以借助某些控制功能帮助排除该故障，或限制其对其他部件的影响。系统控制操作如下。

(1) 系统部件的复位操作。有三种复位操作：复位（reset）、重新加载（reload）和重新开始（restart）。

(2) 系统部件操作状态的控制。网络操作员可控制系统部件进入：服务状态（in-service）、非服务状态（out of service）和维护状态（maintenance）。

(3) 呼叫拆线。操作员可强行终止任何通过 TES 网络建立的连接，而不管各终端站的状态如何，并强迫某个部件进入指定状态。此时，远端站应配有微控制单元，否则不能实现此控制功能。

2.2.3　网关站

网关站在配置上与远端站相似，不同之处在于它为 TES 系统内用户访问其他网络用户(如公共电话网(Public Switched Telephone Network，PSTN))提供了接口，"网关"的含义相当于 TES 网络的出入口。

通常网关站所支持的 CU 数量较多，对 RF 设备的要求也较高。因此，一个网关站或一个 TES 大站，往往需要两个或多个 TES 机箱，并且需要一个 IF 分配器提供到 RFT 的公共 IF 接口。图 2.13 是这种配置的一个例子。

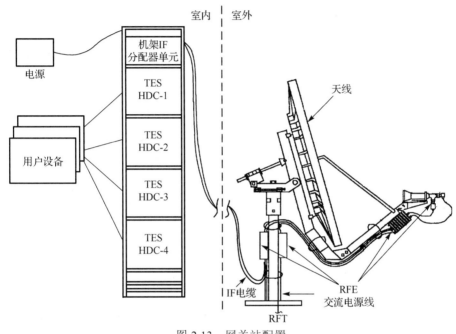

图 2.13　网关站配置

2.2.4　远端站

TES 远端站是 TES 网络中数量最多的用户站，它一般放置在用户需要的任何地方。它为用户提供了数据接口和电话接口。网络控制站(网络中央站)通常由一个远端站兼任，也可以单独设立；网络控制系统通常配置在网控站，完成网络监控、结构配置、性能和统计信息收集等功能。

由于 TES 远端站是本书的重点，所以将这部分内容单独在后面进行讲解。

2.3　TES 远端站

TES 远端站可直接安装在用户附近，它采用网状结构，利用单跳卫星传输线路提供灵活、有效和价格低廉的话音与数据通信。TES 兼容各种各样的电话设备和交换协议，具备通用交换网络的功能，能够将大量的远端用户连接起来。由于美国休斯网络系统公司在系统和设备软/硬件上的不断改进，国际卫星组织在 1995 年宣布，将 TES 系统作为其组织新的稀路由按需分配系统的标准，并在 130 多个国家中实行[19]。

2.3.1　TES 远端站组成

图 2.14 给出了一个中国民航 C 波段卫星通信网络典型的小型远端站的设备配置。

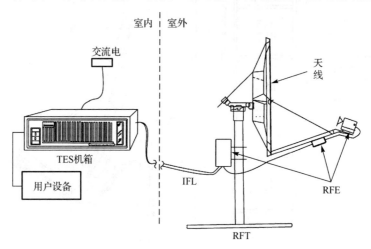

图 2.14　一个典型的小型远端站的设备配置

典型的 TES 远端站主要由天线、IDU 和 ODU 及有关的连接电缆组成。它的室内设备是一个机箱，机箱和室外设备之间的所有接口直接连接。

室外设备由 RFT 和室内外设备互连电缆(Interfacility Link，IFL)组成。其中 RFT 由天线和射频电子设备(Radio Frequency Equipment，RFE)两部分组成。而 RFE 又由 SSPA、馈源组件、中频单元和电源组成。

室内设备由装有 CU 的 TES 机箱组成。CU 是与用户设备互连的接口。室内和室外设备之间的通信接口在各自的中频单元上用 IFL 互连。IDU 又称为 TIE，用户终端设备(电话手机、用户交换机(Private Automatic Branch Exchange，PABX)、显示终端、计算机等)均可由 TIE 接入卫星信道。

对于大型的 TES 远端站，其配置和 TES 网关站一样，具有许多 CU。因此，采用多个机箱固定在一个机架上的形式，机架中含有一个中频合/分路器。大型的 TES 远端站如图 2.15 所示。

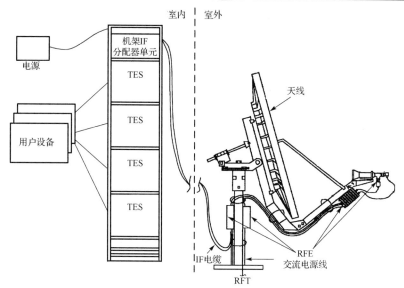

图 2.15　大型的 TES 远端站

　　机架中安装 TES 机箱的个数与选用的机架和机箱的类型有关,而机箱的类型又决定了 CU 的数目。

　　TES 远端站的组成结构如图 2.16 所示。

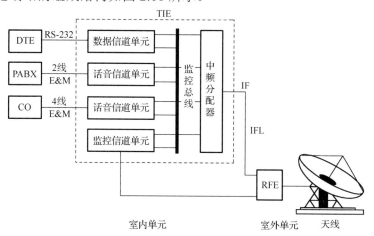

图 2.16　TES 远端站的组成结构

　　TIE 包括 CU 和中频分配单元。其中 CU 是 TIE 的核心,每个用户设备(一部电话或计算机)都需占用一个 CU 才能进入卫星信道。每个 CU 具有全网唯一的地址代码。

　　在 TES 远端站中,CU 有三种类型:话音信道单元(Voice Channel Unit,VCU);数据信道单元(Data Channel Unit,DCU);监控信道单元(Monitoring Channel Unit,

MCU)。应该特别指出的是，VCU、DCU、MCU 在硬件上完全相同，只是通过加载不同的软件实现不同的功能。VCU/DCU 用于话音/数据通信，而 MCU 则用于监控地球站的工作(需要与网络控制系统配合)。

每块 CU 板包括从基带全双工话音/数据到中频调制信号的全部处理功能。信道板 CU 的主要特性如下。

(1)地面线路接口。

① 4 线 E&M 电话接口。

② 2 线环路电话接口。

③ RS-232 数据接口。

(2)编码方式。

① 32Kbit/s 的自适应差分脉冲编码调制(Adaptive Difference Pulse Code Modulation，ADPCM)。

② 16Kbit/s 和 9.6Kbit/s 的余音激励线性预测(Residual Excitation Linear Prediction，RELP)。

③ 16Kbit/s 低延时码激励线性预测(Low-Delay Code-Excited Linear Prediction，LDCELP)。

(3)话音激活(Voice Activation，VOX)。

(4)数字回声抵消器。

(5)Viterbi 译码的前向纠错编码。

(6)数字调制(BPSK 或 QPSK)。

(7)标准 70MHz 中频接口。

(8)传真接口。

CU 板的突出之处在于，同样的硬件从网络控制系统下载不同的软件，既可作为 VCU(话音 CU)，也可作为 DCU(数据 CU)和 MCU(监控 CU)，从而使 TES 具有很大的灵活性。同样的硬件，在不同的软件设置下，既可传话音又可传数据，还可开电话会议和数据会议。

特别应当指出的是，国际通信卫星组织(Intelsat)已将美国休斯网络系统公司的 TES 定为稀路由电话卫星通信 DAMA 体制的标准。美国休斯网络系统公司的 TES 系统支持多种信令，其中包括中国一号信令。

DialWare 软件为 TES 系统提供了灵活而简便的电话编码方案。

2.3.2　TES 远端站室外单元

RFT 是位于室外的 TES 远端站设备。RFT 包括天线、RFE 和 IFL。

RFT 接收从室内设备来的发射端中频(Tx IF)信号，把它上变频到 RF，然后经过滤波，放大发向卫星。在接收(Rx)方向，从卫星收到的 RF 信号经放大滤波，下变频至 IF。

室内设备标准的 IF 接口允许使用不同的 RFT，这样可适应特定的应用要求，如 C 波段或 Ku 波段的应用。不同的 SSPA 及天线大小也是为了满足不同的应用要求[20]。

1. 天线

RFT 天线要根据卫星频率带宽和链路计算中的增益要求来选择。C 波段和 Ku 波段可用 1.8m、2.4m、3.8m 标准天线，如用其他尺寸的天线，应按照厂家说明进行安装。图 2.17 表示天线和 RFE 的主要组成部分。其中 TRIA(Transmit Receive Isolation Amplifier)是发射/接收隔离器组件。

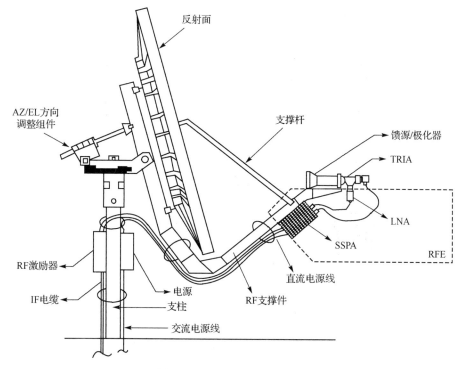

图 2.17　天线和 RFE 的组成

在中国民航 C 波段卫星通信网络中，无论是网络控制系统网控站，还是远端站天线，均采用的是卡塞格伦天线。

卡塞格伦天线是按卡塞格伦望远镜的原理构成的。在光学中有很多种变形的卡塞格伦系统，因此，也存在多种变形的卡塞格伦天线，所有这些统称为双反射面天线。从双曲面上任一点反射的波的相位是相同的。所以，从抛物面反射出去的电磁波是一个平面波，而且在开口面上是等相位的。

(1)由于卡塞格伦天线的馈源位于抛物面的顶点附近，与抛物面天线相比，它的馈线要短得多。因而减少了馈线引起的损耗和噪声。同时，从馈源辐射出来以后由副反射器边缘漏出去的电波，对卡塞格伦天线来说是射向天空的，而不像抛物面天线那样是射向地面的，从而降低了大地反射噪声。

(2)由于用了副反射器，在设计时便增加了灵活性，比较容易控制天线开口面上场的分布。

(3)设备的机械结构和调整维护等与抛物面天线相比，也是比较简单的。

标准卡塞格伦天线是从光学系统演变来的，它运用了点源的概念，主、副反射器选用旋转抛物面和旋转双曲面的组合。可认为电波都是从点源辐射出来，由副反射器向主反射器反射。

为了使卡塞格伦天线的口面效率最高，主反射面上的振幅和相位的分布最好都是均匀的。一般都是利用副反射器曲面决定主反射器口面上的振幅分布，而利用主反射器曲面使口面得到相同的相位。

图 2.18 为卡塞格伦天线(双赋式环焦)反射面结构示意图。

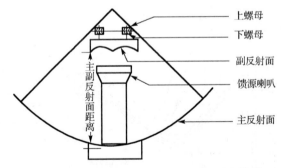

上螺母
下螺母
副反射面
馈源喇叭
主反射面
主副反射面距离

图 2.18　卡塞格伦天线(双赋式环焦)反射面结构示意图

中国民航 C 波段卫星通信网络中卡塞格伦天线(双赋式环焦)及馈源系统的指标和特性如表 2.1 所示。

卡塞格伦天线(双赋式环焦)副反射面安装方位技术指标如表 2.2 所示。

一般来说，为了使天线具有较理想的特性，应使卡塞格伦天线的副反射器与主反射器口面直径的关系为 1：10。

表 2.1　天线及馈源系统的指标和特性

特性指标		4.5m	6.2m
接收特性	增益/dB	43	46.8
	波束宽度/(°)	1.14	0.81
	极化方式	线性水平	线性水平
发射特性	增益/dB	47.2	50.2
	波束宽度/(°)	0.72	0.53
	极化方式	线性垂直	线性垂直
天线类型		双赋式环焦	
适用波段		C 波段	

表 2.2　卡塞格伦天线（双赋式环焦）副反射面安装方位技术指标

天线口径	4.5m	6.2m
主副反射面平行程度	0±2mm	0±2mm
主副反射面距离	1177±3mm	2502.4±3mm
副反射面与馈源喇叭轴向偏差	0±3m	0±3mm

2. RFE

RFE 的各组成部分如图 2.19 所示。RFE 包括 RF 激励器、供电单元、SSPA 和射频单元（Radio Frequency Unit，RFU）组件。

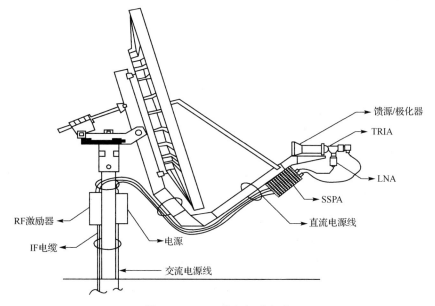

图 2.19　RFE 的各组成部分

1) RF 激励器

RF 激励器安装在天线支柱上,完成以下功能。

(1)给上、下变频提供 10MHz 参考振荡源,这个参考振荡源用在固定和合成的本机振荡(Local Oscillator,LO)中,提供低相位噪声和高稳定度的基准频率,以产生所需的混频器频率。

(2)把来自室内单元的 70MHz 的信号上变频为 RF 信号。IF 信号通过低通滤波器并与固定频率的 LO 混频,混频出来的信号经过带通滤波器去掉第一上变频产生的不需要的频率成分,并与一个可调的 LO 混频使 Tx 频率在 500MHz 范围内可以选择。最后混频信号经过滤波和放大送到 SSPA。

(3)完成从高频头 LNA 输出到 70MHz IF 的下变频,对 C 波段而言,LNA 把信号下变频至 1042.5MHz,最后在 RFU 内完成最终下变频为 70MHz。

2) 供电单元

供电单元把交流市电转换成 RFE 其他组件所需的电平,它装在天线支柱上并与 RF 激励器和 SSPA 相连。供电单元工作电压为 $115V_{AC}$、$230V_{AC}$ 或 $48V_{DC}$。

3) SSPA

SSPA 安装在 RFU 组件支撑臂下,在 RF 信号发射前进行最后放大。RF 激励器的 RF 输出信号经过隔离器、信号放大器和 SSPA,SSPA 的级数多少取决于它的输出功率,下面给出标准的 SSPA 输出功率,也可定做其他输出功率的 SSPA。

Ku 波段:2W、5W、8W、16W。

C 波段:5W、10W、20W。

在中国民航 C 波段卫星通信网络中,TES 远端站根据采用的高功率放大器的不同而分为两种:EFDATA 型和 V2(台扬)型。这两种 TES 远端站的组成在天线、馈源组件和 LNA 上完全相同,但在室内单元的配置上,特别是在有关参数的设置上有很大的区别。

网络控制系统和七个地区级民航管理局卫星站采用 40W EFDATA RFT-500 型高功率放大器;而一般的 TES 远端站则采用 V2 型 5W 和 20W 高功率放大器。在一个 TES 远端站,可以使用 EFDATA 型,也可以使用 V2(台扬)型高功率放大器,不过参数和相应的配置要进行相应的变更。TES 远端站在接收处理后,送给 CU 板的中频信号,V2 型与 EFDATA 型远端站是有差异的,这也导致 CU 板非易失性随机访问存储器(Non-Volatile Random Access Memory,NVRAM)参数配置的不同。

EFDATA 型高功放是美国微波科技公司(Microwave Technology Inc)制造的专

用于 C 波段卫星终端的设备。而 V2 型高功放是由美国休斯网络系统公司设计，在中国台湾制造的。

（1）EFDATA RFT-500 型高功放。

EFDATA 型高功放特点如下。

① 工作频带为 36MHz（一个 C 波段转发器）。

② 在发送方向，将 52～88MHz 的中频信号变换到 C 波段上行射频频带（5925～6425MHz）内的某一转发器的工作频带上。

③ 接收方向，将 LNA 输出的 C 波段下行射频频带（3700～4200MHz）某一转发器工作频带内的信号变换到 52～88MHz 范围内的中频信号。

EFDATA 型高功放终端方框图如图 2.20 所示。

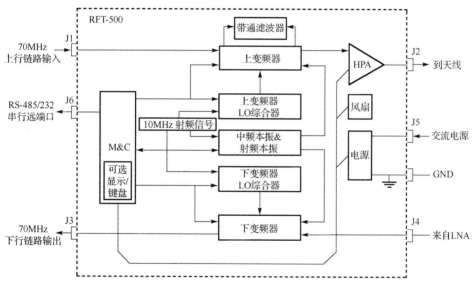

图 2.20　EFDATA 型高功放终端方框图

（2）V2 型高功放。

V2 型高功放特点如下。

① 工作频带为 36MHz（一个 C 波段转发器）。

② 在发送方向，将 185±18MHz 的信号变换到 C 波段上行射频频带（5925～6425MHz）内的某一转发器的工作频带上。

③ 在接收方向，将 LNA 输出的 C 波段下行射频频带（3700～4200MHz）某一转发器工作频带内的信号变换到 L 波段范围内的信号。

V2 型高功放终端简化方框图如图 2.21 所示。

（3）VITACOM ODU。

VITACOMCT-2000/5/10 系列卫星收发信机是中国民航 C 波段卫星通信网络系统新近引进的 ODU 设备，它与原先使用的 EFDATA 型 ODU 相似。

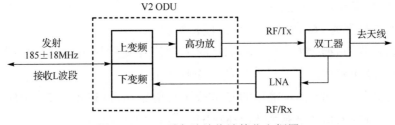

图 2.21　V2 型高功放终端简化方框图

VITACOM 公司设计的 C 波段 5W/10W 系列卫星收发信机可以在标准的 C 波段下工作，发射频率范围为 5925～6425MHz，接收频率范围为 3700～4200MHz。此类收发信机由两个室外单元组成，即变频器/功放模块和 LNA。

收发信机提供一个 RS-232 本地监控终端接口，以便于用户直接监控收发信机，此接口供现场工程师在安装调试时使用。

VITACOM 型高功放终端简化方框图如图 2.22 所示。

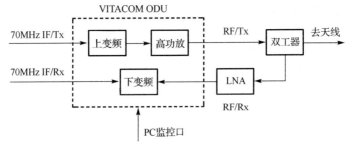

图 2.22　VITACOM 型高功放终端简化方框图

收发信机的设计使之接收一个以 70±18MHz 发射的调制解调器信号。这个 70MHz 的信号经两级上变频后，最后达到 5.925～6.425GHz 的频率。第一级上变频由一个工作频率为 1112.5MHz 的固定频率锁相环振荡器驱动。中频信号范围是 1182.5±18MHz。第二级上变频由一个频率覆盖范围为 4762.5～5222.5MHz 的频率综合器驱动。该频率综合器以 2.5MHz 的步进工作，以使得上变频输出可以以 2.5MHz 的步进覆盖 5925～6425MHz 频率范围。频率综合器的实际工作频率将由用户所租用的转发器的频带决定。

在接收端，收发信机被设计以 3700～4200MHz 接收来自 LNA 的信号。信号经两次下变频后使得输出频率达到 70MHz 中频。第一级下变频分享第二级上变频的频率综合器，并由其驱动。该频率综合器所设定的频率将转发器的下行频率，下变频至接收中频 1042±18MHz。第二级下变频由一个频率为 1112.5MHz 的固定频率振荡器驱动，将 1042.5MHz 的中频信号转换成一个 70±18MHz 的接收输出中频信号。注意，这些频率仅适用于标准的频段；在扩展频段上述频率将有些变化。

4）LNA/TRIA 组件

LNA 和 TRIA 以一个偏馈角指向天线反射面，由 LNA 完成接收的 RF 信号的第一次变频。TRIA 完成天线反射器接口的接收和发送信号的隔离。

3．IFL

IFL 连接室外 RFE 和室内设备。标准 IFL 长度不超过 150m，在中国民航 C 波段卫星通信网络中 IFL 由于采用不同的 ODU，其电缆数量不同。在采用 EFDATA ODU 时由两根同轴电缆组成，分别接收和发送 IF 信号；当采用 V2 型 ODU 时，IFL 为一根同轴电缆。室外设备供电电缆与 IFL 分开敷设。

2.3.3　TES 远端站室内单元

TES 远端站的室内单元提供到用户设备的接口，由机箱和 CU 组成，在多个机箱的大型配置中，室内设备还包括一个机架和内装的 IF 分配器。

1．机架

机架用于一个以上机箱的 TES 系统安装。TES 使用的是开放架式(open-frame relay type rack)机架。美国休斯网络系统公司为不同的 TES 机箱提供两种不同的机架，TES 标准机架适合于 I 型和 II 型机箱，另一种可选机架适合于高密度机箱（High Density Chassis，HDC）。

1）TES 标准机架

标准机架可容纳 6 个 I 型或 II 型机箱及 IF 分配器。机架上未使用的机箱槽位接上 IF 终端负载。图 2.23 是 TES 标准机架的前视图和侧视图。

2）高密度机架

TES 高密度机架可以安装 4 个 HDC 和 IF 分配器单元。机架上未使用的机箱槽位接上终端负载。图 2.24 是 TES 高密度机架的前视图和侧视图。

3) IF 分配器

IF 分配器安装在机架上,把 6 个 Ⅰ 型或 Ⅱ 型机箱输出合成为一路 IF 信号送到室外设备 RFT。同样,将从 RFT 送来的 IF 信号分成 6 路,分别送入 6 个机箱(standard)或 4 个机箱(HDC)。图 2.25 是机架 IF 分配器的方框图。

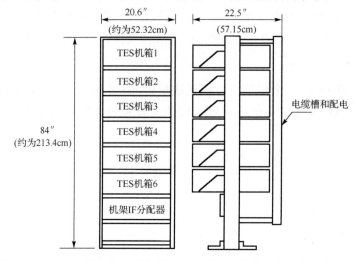

图 2.23　TES 标准机架的前视图和侧视图(其他高度的机架也提供)

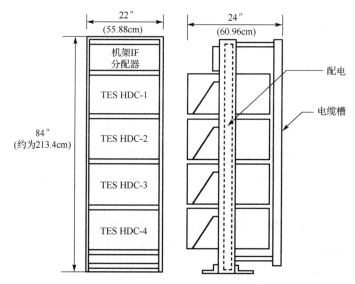

图 2.24　TES 高密度机架的前视图和侧视图

HDC 机架上的 IF 分配器的作用与标准机架相同,只不过它把 4 路 HDC 输出合成一路。

2. 机箱

TES 机箱有三种配置：Ⅰ型、Ⅱ型和 HDC。在中国民航 C 波段卫星通信网络中没有使用Ⅰ型机箱，因此，这里不介绍Ⅰ型机箱。

1)Ⅱ型机箱

Ⅱ型机箱最多可装 4 块 CU 板，包括金属挡板、前面板、电源和背板，其前视和后视图如图 2.26 所示。

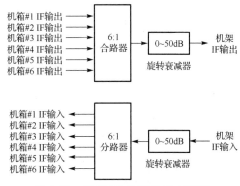

图 2.25　机架 IF 分配器的方框图

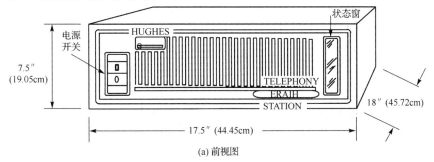

(a) 前视图

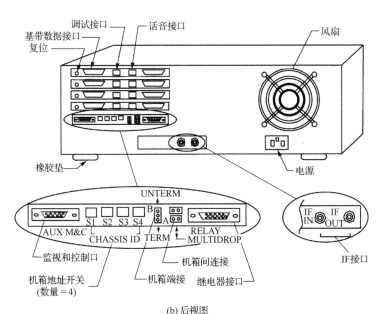

(b) 后视图

图 2.26　Ⅱ型机箱前视和后视图

2）HDC

每个 TES 的 HDC 最多可装 14 块 CU 板，包括金属外壳、前面板、背板、两个互为备份负载共享的模块式电源和模块式风扇。背板在机箱内部，从机箱外不可见。整个机箱为了散热，垂直安装了由六个轴流风扇和远端站监控单元（Remote Monitoring Unit，RMU）、印刷电路板（Printed Circuit Board，PCB）组成的电扇盘组，提供由机箱底部到顶部的分冷。RMU 控制风扇旋转并提供电扇告警。HDC 前视和后视图如图 2.27 所示。

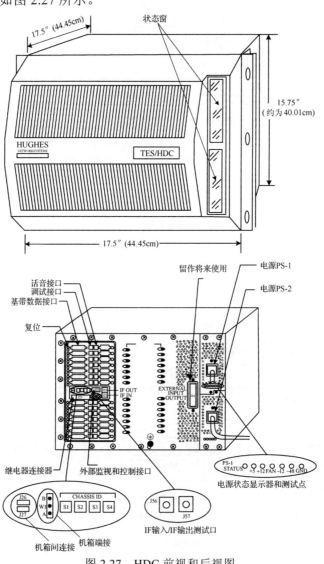

图 2.27　HDC 前视和后视图

3．CU

CU 有三代产品：Ⅰ型、Ⅱ型和Ⅲ型。只要机箱和 CU 是同代的，则 CU 可以互换，Ⅰ型 CU 板配Ⅰ型机箱，Ⅱ型和Ⅲ型 CU 板配Ⅱ型或 HDC。Ⅱ型 CU 板兼容Ⅰ型 CU 板功能，而Ⅲ型 CU 板兼容Ⅱ型 CU 板功能，但两者功能组成基本一样。

在中国民航 C 波段卫星通信网络中只使用Ⅱ型和Ⅲ型 CU，而没有Ⅰ型，所以这里只针对Ⅱ型 CU 进行介绍。

1）CU 的组成

Ⅱ型 CU 的组成方框图如图 2.28 所示。

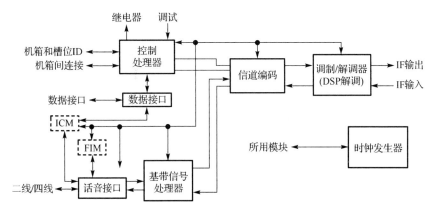

图 2.28　Ⅱ型 CU 的组成方框图

Ⅱ型 CU 板的外形图如图 2.29 所示。

Ⅱ型 CU 包括的功能块如下。

(1) 控制处理器。

(2) 电话接口。

(3) 基带信号处理器（Base Signal Processor，BP）。

(4) 信道编码。

(5) 调制/解调器。

(6) 时钟发生器。

(7) 接口转换模块（Interface Converter Module，ICM）（可选子卡）。

(8) 传真接口模块（Facsimile Interface Module，FIM）（可选子卡）。

下面进行具体介绍。

(1) 控制处理器。

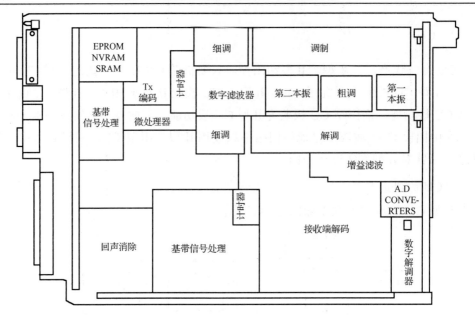

图 2.29　Ⅱ型 CU 板的外形图

提供与用户设备和外部控制设备相联系的接口，并起总线控制作用。完成信令数据解码和信令数据的产生。

(2) 电话接口。

模拟电话信号通过电话接口进入 TES，直接接到 CU 板上。接口不仅提供话音通路，还提供能处理和管理地址信令的传令通路。接收到的信令数据送到控制处理器中解码，控制处理器还控制任何输出信令数据的产生。话音接口支持 4 线 E&M 接口，并通过一个外接转换盒提供 2 线环路接口。

4 线 E&M 接口中话音通路 Tx 和 Rx 方向是分开的，分别传输 E 线和 M 线传输信令。4 线 E&M 接口可设置成 1 型、2 型、3 型、4 型或 5 型中任一种，它可与以 M 线启动的 4 线 PABX 或 4 线中心局(Central Office，CO)中继线相连。

外接的转换盒一边接 TES CU 板的 4 线 E&M 接口，另一边是标准的 2 线环路电话接口，模拟话音信号转换为 8bit 脉冲编码调制(Pulse Code Modulation，PCM)信号，符合 CCITT G.711 要求，遵循 μ 律编码标准。采样频率是 8kHz，这样，模拟信号转换为 64Kbit/s 的数字比特流。

(3) 基带信号处理器。

基带信号处理器对音频信号进行特殊处理，包括回声消除、话音激活、空闲信道噪声处理、低速率编码。

① 回声消除：提供 C 类数字回声消除来抵消 2 线到 4 线转换时产生的回声。

② 话音激活：当检测器检测到话音能量时激活 Tx 卫星载波，当没有话音能量被检测到时就关闭 Tx 卫星载波。

③ 空闲信道噪声处理：当输出信道空闲时(没有人说话)，便加入空闲信道噪声，加入噪声的大小取决于测量到的对方输入端空闲信道噪声的值。测量到的结果量化为八个离散值之一。

④ 低速率编码(话音压缩)：把话音信号从 64Kbit/s 数字 PCM 比特流压缩为更低的比特率。话音压缩采用 ADPCM 或 RELP 两种方式，由控制处理器控制选用哪种方式。

(4)信道编码。

数字信号在传输中往往由于各种原因，使得在传送的数据流中产生误码，从而使接收端产生图象跳跃、不连续、出现马赛克等现象。所以通过信道编码这一环节，对数码流进行相应的处理，使系统具有一定的纠错能力和抗干扰能力，可极大地避免码流传送中误码的发生。误码的处理技术有纠错、交织、线性内插等。

(5)调制/解调器。

调制器的功能包括基带过滤、调制、频率选择、载波开/关控制和载波功率控制。调制器可由控制处理器选择工作在 BPSK 方式或 QPSK 方式。

解调器功能包括接收 IF 信号滤波、下变频和在数字信号处理器(Digital Signal Processor，DSP)解调前解调。DSP 解调器完成自动增益控制(Automatic Gain Control，AGC)、自动频率控制(Automatic Frequency Control，AFC)、载波恢复、信号时钟恢复和前后标识码检测。

(6)时钟发生器。

时钟发生器为 CU 运行产生所需时钟信号，包括基带接口时钟、信道编码时钟和调制解调器时钟。时钟发生器由 Tx 时钟发生器和 Rx 时钟发生器组成，Tx 时钟基准由网络操作员选择，Rx 时钟基准在远端站从 Tx 信号中恢复。

(7)ICM。

ICM 提供 2 线环路到 E&M 的转换，使 CU 板通过电话接口与标准的 2 线环启动的电话设备或地启动的电话设备相连。ICM 使 CU 母板上基带数据口除支持 DCU RS-232 接口标准外，还支持 RS-422 和 V.35 两种标准，信号标准的选择由软件控制。

(8)FIM。

FIM 使 CU 板具有传真和带内数据传输的功能。装上 FIM 子卡后，传真和数据设备可通过话音接口接在 CU 板上。CU 板执行必要的规程以提供一个透明的卫星信道确保与附属设备的兼容性。

ICM 和 FIM 是 Ⅱ 型和 Ⅲ 型板独有的，两者都是可供安装选用的子卡。

2)CU 的种类

在 CU 板运往远端站安装前，要把数据写入它们的 NVRAM 内。

(1)在启动 CU、调谐到外向控制信道和装载专门软件时都需要 NVRAM 数据。

(2)NVRAM 中数据一般在工厂或网络控制系统写入，也可在现场写入。

(3)作为 CCU 的 CU 其 NVRAM 数据会有些不同，但远端站的 CU 应全部用同样的方式设置，以保证它们的互换性。

(4)CU 板可通过控制处理器命令，使其工作在任何一种配置方式，最常用的配置如下。

① VCU：用于电话应用并支持 4 线 E&M 中继接口，Ⅰ 型 CU 板通过外接转换盒提供 2 线环路，Ⅱ 型 CU 板通过 ICM 子卡提供 2 线环路。

② DCU：只用于数据应用。

其他专用配置如下。

① CCU：为控制信道设备提供对卫星的访问，每个 OCC 或 ICC 各需要一个 CCU。

② MCU：当 VCU 和 DCU 忙时，为了监控而利用 MCU 访问控制信道。没有 MCU 时，可以由一路 VCU 或 DCU 起监控作用。

③ 逻辑控制单元 LCU(Logical Control Unit)：用于话音或异步数据环路测试，测试之后通常再恢复 VCU 或 DCU 正常运行的配置。

④ ACU：用于电话会议，ACU 配置通常是暂时的，即当会议开始时，会议成员 CU 自动地再配置成 ACU，当会议结束后，它们恢复到正常的配置(通常是 VCU)。

⑤ BCU：用于数据广播。一块 BCU 指定为可发送的主板，其余的是从属 BCU，它们只能接收。像 ACU 一样，BCU 通常有一个永久性配置(如 DCU)，当会议结束时再恢复。

4. RFM 板

在中国民航 C 波段卫星通信网络中，V2 型 TES 远端站比 EFDATA 型和 VITACOM 型 TES 远端站多一块 RFM(Radio Frequency Module)板。

RFM 板上有一个中频输出(IF OUT)端口，该端口是 TES 与 PES 构成混合地球站(Hybrid Earth Station，HES)时使用的。RFM 板的功能如下。

(1)RFM 板与 V2 型 ODU 配合完成下行射频到 70MHz 中频的变换。

(2)通过 RFM 板的 CONFIG 端口可利用微型计算机(简称微机)设置 V2 ODU 的转发器频率窗口,从而确定送到 CU 板的中频频率。

2.4　TES 远端站系统相关技术

TES 远端站系统采用了很多语音处理和数据编码技术,例如,语音压缩技术、话音激活技术、回波抵消技术、TEC 卷积编码和维特比、译码技术等。

2.4.1　语音压缩技术

用户的模拟语音信号要转换成数字信号才能在 TES 系统中传输,为了更有效地利用卫星频带,往往还采用编码压缩技术来降低传输速率。

1. PCM 编码

在 TES 系统中,输入到 VCU 端的模拟语音信号,首先要数字化为 64Kbit/s 的 PCM 信号。

PCM 是最基本的话音编码方式,它包括取样、量化和编码三个基本步骤。

TES 系统在发送端对话音信号进行非线性幅度压缩,再进行线性量化和编码。语音压缩特性有 A 律和 μ 律两种。我国采用 A 律,而 TES 为 μ 律。

2. μ 压缩律

μ 压缩律就是压缩器的压缩特性具有如下关系的压缩律,即

$$y = \frac{\ln(1+\mu x)}{\ln(1+\mu)}, \qquad 0 \leqslant x \leqslant 1 \tag{2.1}$$

式中,y 为归一化的压缩器输出电压,即

$$y = \frac{压缩器的输出电压}{压缩器可能的最大输出电压}$$

x 为归一化的压缩器输入电压,即

$$x = \frac{压缩器的输入电压}{压缩器可能的最大输入电压}$$

μ 为压扩参数,表示压缩的程度。

由于式(2.1)表示的是一个近似对数关系,因此,这种特性也称为近似对数压

扩律。当 $\mu = 0$ 时，压缩特性是通过原点的一条直线，故没有压缩效果；当 μ 值增大时，压缩作用明显，对改善小信号的性能也有利。一般当 $\mu = 100$ 时，压缩器的效果就比较理想了。另外，需要指出，μ 律压缩特性曲线是以原点奇对称的。

3. 编码压缩技术

在 TES 系统中采用三种编码压缩技术：ADPCM、RELP 编码和 CELP 编码。

1）ADPCM

ADPCM 是差分脉冲编码（Difference Pulse Code Modulation，DPCM）的改进。

与 PCM 不同的是，DPCM 利用了相邻取样值之间的相关性，用得到的当前取样值来预测下一时刻取样值并对该值和当前取样值的差值进行量化编码。由于差值的能量远小于取样值，所以所需的量化电平数就少，相应的编码速率可降低到 32Kbit/s。

在 DPCM 中，量化误差的大小随输入信号变化而变化，为此采用量化阶能随输入信号自适应变化的编码方法来减少量化误差，此即 ADPCM，其话音质量与 64Kbit/s 的 PCM 相近，但速率却降为 32Kbit/s。目前 ADPCM 已实现同阶标准比，TES 中的 ADPCM 采用 CCITT G.72 标准。

2）RELP

语音编码分为波形编码和参数编码，波形编码是直接对信号波形进行编码，如 PCM、ADPCM 等。参数编码则是从语音信号中提取有关特性参量进行编码传输，接收端据此重建合成语音信号。例如，RELP 就是参数编码，参数编码速率较低，但语音合成质量较差。语音信号的特征参数有多种。例如，对语音信号分析表明，它由两种音构成：浊音，又称有声音，它具有标准周期的特征；清音，又称无声音，其特性与白噪声相似。

RELP 把语音信号看作一个时变线性预测模型的输出，每个时刻的模型参数和输入激励参数均不同，RELP 就是把每个采样时刻的模型参数和激励参数（清/浊音等）量化编码后传输。

RELP 把标准 PCM 信号压缩为 16Kbit/s 或 9.6Kbit/s 的数字信号。RELP 与波形编码器中的 DPCM 技术有关。在这类线性预测编码器（Linear Predictive Coding，LPC）中，对于一个语音帧提取的模型参量（线性预测（Linear Predictive，LP）参数或相关参数）与激励参数（清/浊音判定、基音、增益）估计后，在发射机中合成语音，接着从原始信号中减去，从而形成一个剩余信号。剩余信号被量化、编码，与 LPC 模型参量一起传输到接收端。在接收端，剩余误差信号加到运用模型参量生成的信号中，合成一个原始语音信号的近似值。因为加入剩余误差，合成语音的质量改善了。

3）码激励线性预测（Code Excited Linear Prediction，CELP）

在这种方法中，编码器和解码器有一个随机（零均值白色高斯分布）激励信号的预定编码本。对于每一个语音信号，发射机查找每个随机信号的编码本，寻找一个索引，当把该索引对应的信号用作 LPC 滤波器的激励时，生成的语音在听觉上感觉最合适。发送端传输所找到的最合适的索引。接收端用这个索引来选择合成滤波器正确的激励信号。CELP 编码器是相当复杂的，需要每秒钟多于 5 亿次乘、加运算。它们甚至在激励的编码速率为每抽样只有 0.25bit 的前提下，都可以获得高质量。这个编码器可以传输比特率低于 4.8Kbit/s 的信号。

选择最佳激励信号的过程可以通过一个例子来解释。考虑 5ms 的语音组，抽样频率为 8kHz，每组包括 40 个语音抽样。每个抽样 1/4bit 的比特速率对应于每组 10bit。这样，每组就有 2^{10} =1024 种可能序列。每个编码本的元素提供了激励信号的 40 个抽样值，以及一个每 5ms 变换一次的比例因子。抽样在比例因子作用后，顺次通过两个递归滤波器，它引入语音的周期性并调整了频谱包络。在第二个滤波器输出端的再生语音抽样，与原始信号的抽样进行对比形成差分信号。这个差分信号表示再生语音信号的客观误差。通过一个线性滤波器进行处理，对听觉上重要的频率予以加强，对听觉上不太重要的频率予以减弱。

虽然计算量要求很高，但 DSP 和超大规模集成电路（Very Large Scale Integration，VLSI）技术进一步发展，使得 CELP 编码器的实时执行成为可能。

2.4.2　话音激活技术

话音激活技术是为节省卫星功率而采用的一种技术。

1. 基本概念

典型通话过程中，发音时间只占总时间的 30%～40%，故可利用话音激活技术在不发音期间，关闭 SCPC，以避免卫星功率的消耗，如图 2.30 所示。

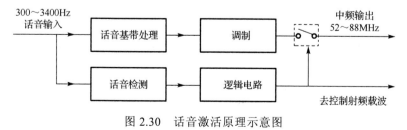

图 2.30　话音激活原理示意图

2. 先进的话音激活检测技术

何时开启/关闭 SCPC 是这种技术的关键。

传统方法是设置一个固定电平与话言信号能量电平比较而控制载波的开启/关闭，因此有一定的缺点。

在 TES 系统中，从多种途径来监测话音信号的存在，包括：话音信号的能量；能量电平的短期变化规律；信号的频谱特性。

3. 自适应空闲信道噪声插入

由于采用话音激活技术，在讲话间歇期间无载波发射，则接收端有完全无音的"空信道"的感觉。为了避免这种不自然的效果，通常在信道空闲期间，接收端会在信道中插入一个固定量的高斯噪声来"模拟"背景噪声。

在 TES 系统中，则是在发送端对线路的背景噪声电平进行测量，并把测量值发送到接收端，接收端则据此在载波关闭期间插入相应数量的"背景噪声"。这样用户感觉仍是在使用一条"连续"信道。

2.4.3　回波抵消技术

在卫星通信线路中经常会产生回波现象，影响通话质量。回波产生的原因是 2 线到 4 线转换时，混合电路的失配和泄漏。由于卫星传播路径很长，回波时延达 0.54s，故回波干扰比地面线路更严重。

通常消除回波干扰有两种方法：回波抑制器和回波抵消器。

1. 回波抑制器

回波抑制器如图 2.31 所示，它根据话音信号的存在与否，改变发送和接收支路的衰减值来抑制回波。例如，在接收信号时，接收支路直通，同时在发送支路接入 50dB 衰减的抑制回波。

2. 回波抵消器

回波抵消器是目前应用较多的更有效的回波消除方法，其原理示意如图 2.32 所示。

它利用了自适应滤波的概念，回波器根据输入信号和残余回波合成一个"假回波"信号去抵消泄漏回波，并可使残余回波很小。

TES 采用 CCITT G.165 建议的 C 型数字抵消器。

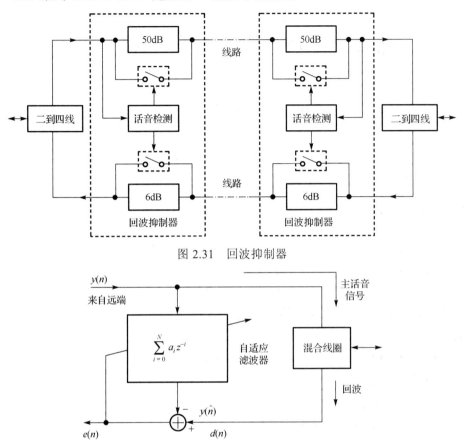

图 2.31 回波抑制器

图 2.32 回波抵消器

2.4.4 维特比 FEC 译码技术

在 TES 系统中使用 FEC 卷积编码和维特比译码器，可以有效地降低信道的传输误码律。上述信道编译码措施是数字通信中差错控制的手段之一。另外，采用 FEC 卷积编码和维特比译码器，在相同的误码率要求下，需要较低的发射功率，相当于节省了卫星功率资源。

第 3 章　TES 网络信道和链路连接

3.1　TES 网络信道

卫星通信中网络信道(或卫星信道)用于在远端站和远端站之间进行话音与数据传送，以及在远端站和网控站之间传送请求及管理、控制信息的途径或通道[9]。

3.1.1　网络信道概述

在 TES 系统中，卫星信道分为两类：业务(traffic)信道和控制(control)信道。控制信道又分为两类：内向控制信道和外向控制信道[21]。

(1)外向载波控制信道从网络控制系统到远端站发送连续数据。

(2)内向载波控制信道仅在远端站有数据或者对网络控制系统有呼叫信息时才被激活。

(3)当内向载波 CCU 自诊断时，它在 ICC 上连续发射激活信号。

(4)业务信道仅存在于远端站之间。

① 一条电路使用两条信道。

② 用户需要时电路才被连接上。

网络信道如图 3.1 所示。

1. 业务信道

1)业务信道基本概念

业务信道是两个或多个远端站之间进行业务通信的途径。业务通信是两个或多个远端站之间传送用户业务(话音/数据)的通信，它们所使用的信道是 SCPC 信道(FDMA 的一种)。其中，数字话音通信为 DAMA SCPC 方式；数据通信是预分配 SCPC 方式。

一条"业务信道"就是一条 SCPC 信道，用于在 CU 之间传送话音和数据。一对双向"业务信道"构成一条"业务电路"，因此，业务信道也称为电路信道。

2)业务信道结构

业务信道可总结如下。

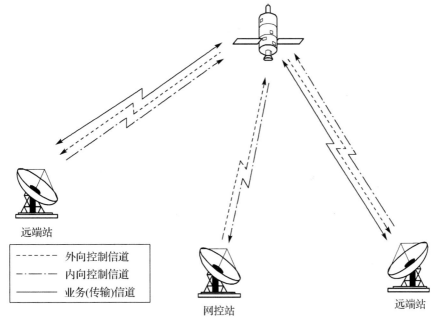

图 3.1　网络信道

(1)远端站间通常传输用户业务。

(2)报头包括同步和控制数据。

(3)HDLC 包括业务(用户)数据(数字化话音或者数字数据)。

(4)报尾识别在突发传输的末端。

(5)要建立一条电路需要两条信道:从远端站 A 传送到远端站 B;从远端站 B 传送到远端站 A。

(6)话音信道采用 DAMA:用户拨完电话号码之后分配电路。

(7)配置数据信道和指定 DAMA：在网络控制系统操作员创建之后。

(8)如果 HDLC 分组是用户业务或者勤务数据，由信道单元处理器解决。

业务信道的结构如图 3.2 所示。

报头：296 符号(symbol)(定时接收、同步和控制)。

报尾：90 符号(FEC 同步)。

HDLC 分组：帧长可变。

报头周期：报头是在一个 500ms 暂停之后，从前一个报头发送到下一帧。

物理特性：QPSK 调制；32Kbit/s 信息速率；3/4 率 FEC 编码；每载波单信道(SCPC)。

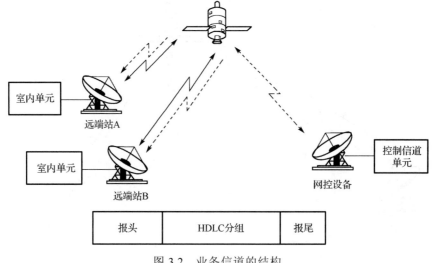

图 3.2　业务信道的结构

2. 控制信道

在 TES 系统中，专门设置了"控制信道"。控制信道是远端站与网控站之间进行控制通信的途径。控制通信是远端站与网控站之间传送用户呼叫请求、网控站的网络管理信息的通信。

控制信道是一条或多条 SCPC 信道，为所有远端站共用。控制信道又分为两类：内向控制信道和外向控制信道。

内向控制信道也称为内向载波控制信道，它用于远端站到网控站方向的信息传送。各远端站向网络控制系统发送有关请求数据等均要通过内向控制信道。一个 TES 系统至少要有两条内向控制信道，各站以争用方式使用内向控制信道。具体一个 TES 系统中内向控制信道的数目根据网络的规模决定。

内向载波控制信道总结如下。

(1)最少有两个内向载波控制信道。

① 远端站可以接入内向载波信道。

② 远端站可以随机选择内向载波信道。

③ 如果没有接收到应答信息可重发。

(2)较大的网络需要更多的控制信道。

(3)HDLC 是由远端站发送的数据。

(4)HDLC 数据包括远端站的识别、状态和请求等。

(5)报尾标志在末端发送。

(6)空闲(没有电路)时,CU 调整到内向载波控制信道上发送。

(7)内向载波控制信道用它自己的接收频率广播回路测试信号。

内向载波控制信道的结构如图 3.3 所示。

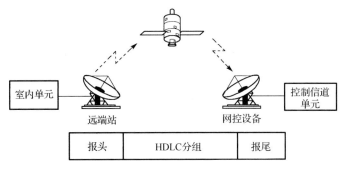

图 3.3　内向载波控制信道的结构

报头：296 符号(定时接收、同步和控制)。

报尾：30 符号(FEC 同步)。

HDLC 帧：帧长可变。

物理特性：QPSK 调制；19.2Kbit/s 信息速率；1/2 率 FEC 编码；ALOHA 接续。

外向控制信道用于网控站到远端站方向的信息传送,网控站以广播形式向各远端站发送信息,各站按地址接收。外向控制信道是一条或多条 SCPC 信道,用于从网控站到各远端站的控制和管理信息的传输。

外向载波控制信道总结如下。

(1)外向载波控制信道从网控站到所有远端站之间传送信息。

(2)CU 在通信和检测过程中,不连接外向载波控制信道。

(3)标志符序列提供定时恢复。

(4)不发送信息时发送标志符。

(5)HDLC 在系统管理数据开始处识别(如引导码数据)。

(6)数据突发包括响应远端 CU 请求的应用信息,以及系统管理数据。

(7)信息中有地址识别信息。

① 广播信息。

② 对各个 CU 的信息。

外向载波控制信道的结构如图 3.4 所示。

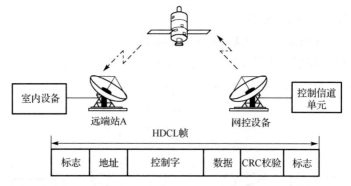

图 3.4　外向载波控制信道的结构

标志=01111110；HDLC=8B；校验 CRC=2B。

物理特性：QPSK 调制；19.2Kbit/s 信息速率；1/2 率 FEC 编码；连续广播。

3.1.2　卫星信道的分配方式

卫星信道对业务信道和控制信道采用不同的分配方式。

(1) 控制信道采用预分配方式；并由各远端站共享。

(2) 业务信道分配：数字话音通信为 DAMA SCPC 方式，由网络控制系统中的 DAMA 处理功能负责分配；数据通信是预分配 SCPC 方式。

3.1.3　带宽分配

当一个远端站 CU 要与另外一个远端站 CU 进行通信时，必须占用一定的频率带宽。对于 TES 系统，由于采用 C 波段通信，使用鑫诺 1 号通信卫星整个 8B 转发器，带宽共为 36MHz（6205±18MHz/3980±18MHz）。每个远端站 CU 均有一定的信道带宽，因此，充分利用好信道带宽十分重要。

1. 信道利用

信道利用就是在一定的带宽内给多个信道分配频率带宽。

(1) 给 TES 网络分配一个频带。

(2) 已分配的带宽被分成业务信道和控制信道。

(3) 业务信道为远端站之间提供通信。

(4) 信道间隔。

① 信道间隔依据信道速率、调制方式和纠错编码类型来设定。

② 保护带宽＝ 1/2 信道间隔。

③ 信道频率为中心频率±保护频带。

(5)窄带信道可为卫星提供更多信道。

(6)控制信道为网络控制系统和远端站之间提供通信。

(7)较大的网络(多个远端站和 CU)需要更多的控制信道。

信道利用示意图如图 3.5 所示。

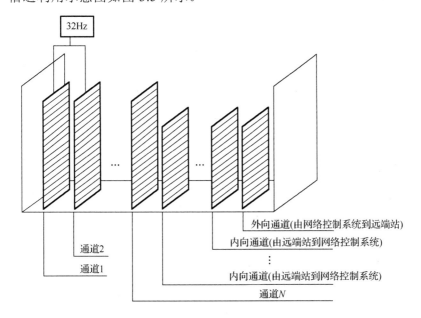

假设使用的通道单元为32Kbit/s数据率、$R = 3/4$和QPSK调制的VCU，
则36MHz带宽可大约划分为1200个通道

图 3.5　信道利用示意图

2．信道带宽

1)信道带宽决定因素

每个远端站 CU 所占有的信道带宽取决于以下三个因素。

(1)信息速率。

(2)FEC 类型。

(3)调制方式。

下列方式需要较窄的带宽。

(1) 低数据速率。

(2) 低符号速率。

(3) QPSK。

相同工作方式的电路 (速率、FEC 和调制方式) 在频率池中被组合在一起。

2) 信道工作模式和卫星信道要求

根据信道的工作模式可以得出对卫星信道的要求如表 3.1 所示。

表 3.1　对卫星信道的要求

模式	速率 /(Kbit/s)	FEC 类型	调制方式	符号速率 /(Kbit/s)	占用带宽/kHz	载波间隔 /kHz
OCC	19.2	$R = 1/2$	QPSK	19.2	24.0	27.5
ICC	19.2	$R = 1/2$	QPSK	19.2	24.0	27.5
Data	64.0	$R = 1/2$	QPSK	64.0	86.4	90.0
Data	56.0	$R = 1/2$	QPSK	56.0	75.6	80.0
Data	19.2	$R = 1/2$	QPSK	19.2	24.0	27.5
Data	16.0	$R = 1/2$	QPSK	16.0	20.0	25.0
Data	9.6	$R = 1/2$	BPSK	19.2	24.0	27.5
Data	4.8	$R = 1/2$	BPSK	9.6	12.0	17.5
ADPCM	32.0	$R = 3/4$	QPSK	21.333	26.667	30.0
Fax/VBD	32.0	$R = 3/4$	QPSK	21.333	26.667	30.0
Fax/VBD	16.0	$R = 3/4$	BPSK	21.333	26.667	30.0
Fax/VBD	16.0	$R = 1/2$	QPSK	16.0	20.0	25.0
RELP	16.0	$R = 3/4$	BPSK	21.333	26.687	30.0
RELP	16.0	$R = 1/2$	QPSK	16.0	20.0	25.0
RELP	9.6	$R = 1$	BPSK	9.6	12.0	17.5
RELP	9.6	$R = 3/4$	BPSK	12.8	16.384	20.0
RELP	9.6	$R = 1/2$	BPSK	19.2	24.0	27.5

注：VBD=话带数据

3. 信道带宽分配的过程

信道带宽分配的大概过程如下。

(1) 一个远端站 CU 要与另一个远端站的 CU 进行通信时，必须为其分配带宽 (信道)。

(2) 一对电路为两条相邻的信道。

(3) 向网络控制系统中的 DAMA 处理器申请带宽分配。

（4）在 DAMA 处理器分配信道之后，CU 开始传输用户业务。

（5）当通信结束时，CU 将通知网络控制系统。DAMA 释放带宽，使该频带可以被其他用户使用。

信道带宽分配过程示意图如图 3.6 所示，它分别说明了信道带宽分配的每个步骤。

（1）远端站 A 的 CU 要与另外一个远端站 B 的 CU 进行通信，它必须首先通过内向控制信道向网络控制系统申请信道带宽，如图 3.6（a）所示。

（2）当网络控制系统接收到来自远端站 A 的 CU 的信道带宽申请后，网络控制系统通过外向控制信道发送一个应答申请给远端站 A，如图 3.6（b）所示。

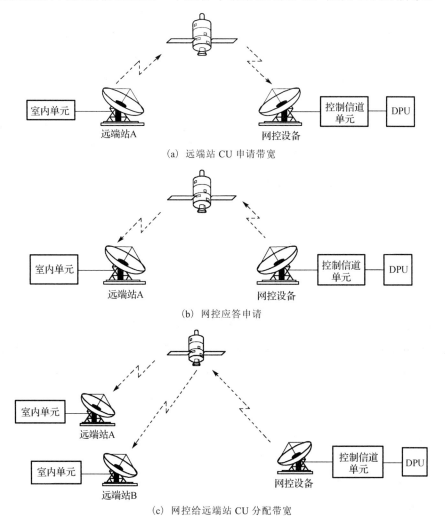

（a）远端站 CU 申请带宽

（b）网控应答申请

（c）网控给远端站 CU 分配带宽

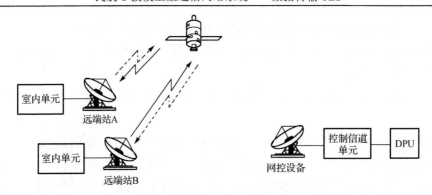

(d) 远端站 CU 在两条信道上通信

图 3.6　信道带宽分配过程示意图

(3) 网络控制系统发出应答申请后，开始给远端站 A 和 B 的 CU 分配信道带宽，如图 3.6(c) 所示。

(4) 网络控制系统分配信道带宽完毕后，远端站 A 和 B 的 CU 便在两条信道上开始进行通信，如图 3.6(d) 所示。

当通信结束时，远端站 CU 将通知网络控制系统。网络控制系统中的 DAMA 处理器就释放该信道带宽，使该频带可以被其他远端站 CU(用户) 使用。

3.2　TES 网络控制系统链路

网络控制系统链路是网络控制系统与远端站之间进行通信的通道。网络控制系统利用它发送管理和控制信息给远端站；而远端站可以通过它向网络控制系统发送请求信号。

1. 网络控制系统链路功能

网络控制系统链路用于执行和完成网络管理与控制、进行双音多频(Dual Tone Multiple Frequency，DTMF) 和脉冲拨号、CO 电话交换(central office telephone exchange) 到 TES 呼叫处理和通过 TES 进行 CO 到 CO 的呼叫等功能。

为了完成系统链路控制，网络控制系统中必须安装 CCU，而远端站室内设备机箱中必须有一个 MCU。

网络控制系统链路总结如下。

(1) 网络控制系统控制机箱中的 CCU。

① 一个 CCU 安装一个 OCC。

② 两个 CCU 安装两个 ICC。

③ 对于较大的网络、较多的控制信道，需要安装更多的 CCU。

（2）为了管理与控制远端站的室内设备机箱，可以有一个 MCU。

① MCU 从 OCC 中的网络控制系统接收系统管理数据。

② MCU 向 ICC 中的网络控制系统发送状态和信息应答。

（3）远端站业务 CU 为用户电路申请带宽：如果 ICC 忙，则远端站 CU 将接收不到应答，并将在一个随机等待周期之后（ALOHA 概念）重发请求。

网络控制系统链路示意图如图 3.7 所示。其中，SP 为服务处理机（Service Processor）的缩写。

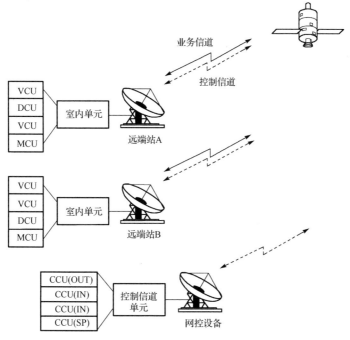

图 3.7　网络控制系统链路示意图

2. DTMF 拨号电话到 CO 连接

DTMF 拨号电话是远端站最常见的用户设备之一，其与 CO 的连接如下。

（1）拿起 2 线话机（摘机）闭合 CO（环路）或者专用交换机（Private Branch Exchange，PBX）的开关闭合。

（2）CO 或 PBX 为电话机供电（也可以是监控音和振铃电压）。

（3）拨号选择交换矩阵的行和列的开启与闭合，产生唯一的拨号音。

（4）CO 或 PBX 可以进行 2 线或 4 线自动转换。

DTMF 电话如图 3.8 所示。

这里给出了开关 S1、S2 和 S3 断开的状态，当键被压下时它们才改变状态，S4 通过压簧键控制断开还是接通，图 3.8 中给出的是接通状态，其中 RV 表示压敏电阻。

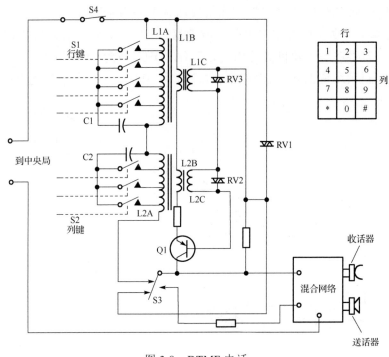

图 3.8　DTMF 电话

3.3　TES 网络链路连接

TES 网络链路连接用于远端站之间话音和数据的通信。TES 网络链路连接包括话音连接和拆除、数据连接和拆除以及异步 DAMA 数据链路的连接和拆除[22]。

3.3.1　话音链路连接

1. 电话呼叫连接

当远端站需要进行业务联系时，要进行电话呼叫连接，连接过程如图 3.9 所示。

(1) 用户摘机，占用线路，接收确认信号和拨 VCU 接续号码。

(2) VCU 向网络控制系统发出 DAMA 呼叫请求。

(3) 网络控制系统应答请求。

(4) 网络控制系统处理请求。

(5)网络控制系统核对被叫 VCU 的状态。

① 如果被叫的 VCU 忙或者有故障，网络控制系统将给主叫送忙音。

② 如果被叫的 VCU 空闲，网络控制系统处理这个呼叫请求。

(6)网络控制系统通知被叫的 VCU。

(7)网络控制系统为两个 VCU 分配发射和接收信道，并为其建立呼叫电路。

(8)当远端线路被占用并确认占用后，主叫听拨号音。

(9)主叫拨通电话号码。

(10)被呼叫电话振铃，用户应答，完成电路建立。

下面进行具体说明。

(1)远端站 A 的 VCU 要与另外一个远端站 B 的 VCU 进行话音通信，它必须首先通过内向控制信道向网络控制系统发送通话申请，如图 3.9(a)所示。

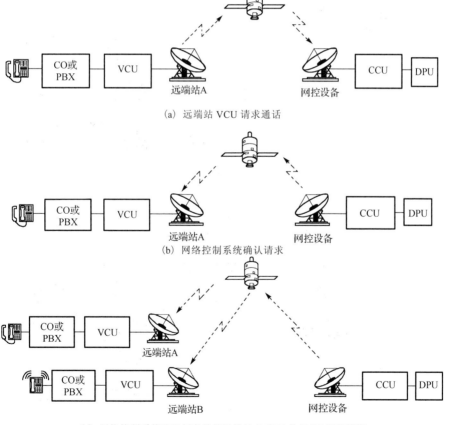

(a) 远端站 VCU 请求通话

(b) 网络控制系统确认请求

(c) 网络控制系统分配频率并使远端站 A 和 B 的 VCU 互相连接

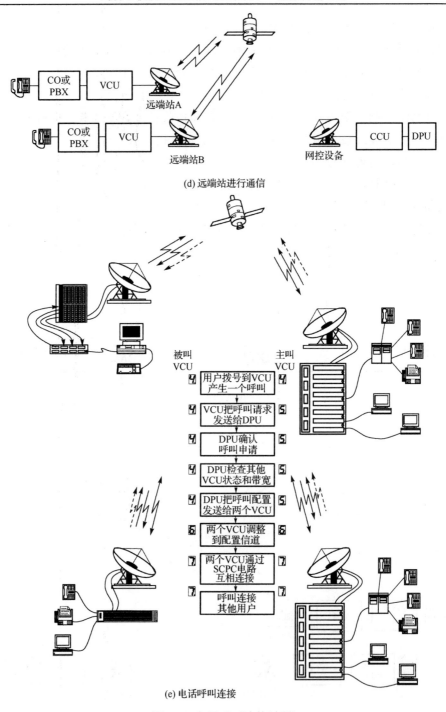

(d) 远端站进行通信

(e) 电话呼叫连接

图 3.9　电话呼叫连接过程

(2)当网络控制系统接收到来自远端站 A 的 VCU 的通话请求后,它通过外向控制信道发送一个应答信号给远端站 A,确认它已经收到请求信号,如图 3.9(b)所示。

(3)网络控制系统发出应答申请后,开始给远端站 A 和 B 的 VCU 分配信道(频率)并使远端站 A 和 B 的 VCU 互相连接,如图 3.9(c)所示。

(4)网络控制系统分配信道(频率)完毕后,远端站 A 和 B 的 VCU 便在两条信道上开始进行通信,如图 3.9(d)所示。

2.　电话呼叫拆除

当两个远端站 VCU 的话音通信结束后,远端站 CU 将通知网络控制系统。网络控制系统中的 DAMA 处理器就释放该信道,使其为其他远端站 CU(用户)使用。必须注意的是每次话音通信的信道(频率)可能是不相同的。因为,在 TES 系统中,整个带宽划分为许多信道(频率),而许多 CU 的话音通信是按照按需分配的方法进行的。如果两个远端站 VCU 需要进行话音通信,则网络控制系统中 DAMA 处理机会从许多信道中选择一条空闲信道(频率)分配给它们。对于用户来讲,每次网络控制系统分配给它们的信道(频率)是动态的。

电话呼叫拆除过程如图 3.10 所示。

(1)一个用户挂机,向 VCU 发送一个拆线前向信号,VCU 确认。

(2)第一个 VCU 通知其他的 VCU 拆线。

(3)第二个 VCU 向本地 CO 或 PBX 发拆线前向信号,CO 或 PBX 确认。

(4)两个 VCU 和 CO 拆除用户线。

(5)两个 VCU 通知网络控制系统呼叫完成。

(6)网络控制系统收回频率分配,通知两个已完成呼叫的 VCU 终端。

下面进行具体说明。

(1)话音通信结束,远端站 A 的用户挂机;远端站 A 的 VCU 通过网络控制系统分配的业务信道通知远端站 B 的 VCU 它已挂机,如图 3.10(a)所示。

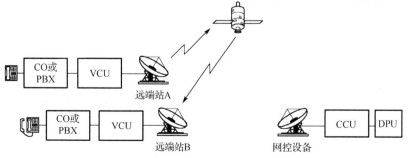

(a) 远端站 A 的用户挂机并通知远端站 B 的 VCU

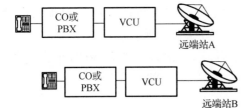

(b) 远端站 B 通知本地 CO 或 PBX

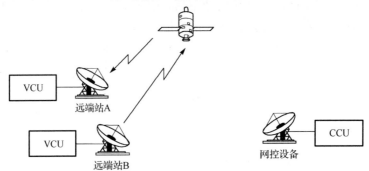

(c) 远端站 B 通知远端站 A

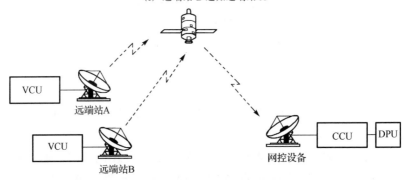

(d) 两个远端站通知网络控制系统

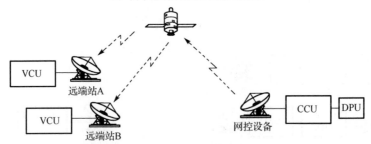

(e) 网络控制系统重新分配频率并通知远端站 A 和 B

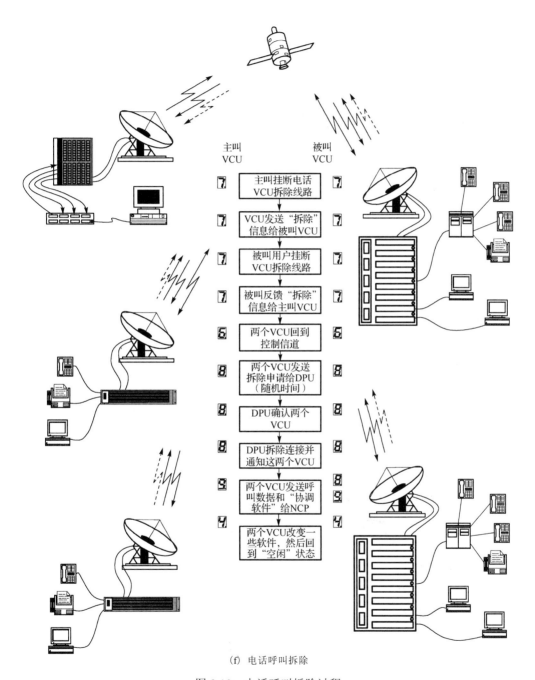

主叫　　　　　　被叫
VCU　　　　　　VCU

7　主叫挂断电话
　VCU拆除线路　7

7　VCU发送"拆除"
　信息给被叫VCU　7

7　被叫用户挂断
　VCU拆除线路　7

7　被叫反馈"拆除"
　信息给主叫VCU　7

6　两个VCU回到
　控制信道　6

8　两个VCU发送
　拆除申请给DPU
　（随机时间）　8

8　DPU确认两个
　VCU　8

8　DPU拆除连接并
　通知这两个VCU　8

9　两个VCU发送呼
　叫数据和"协调
　软件"给NCP　9

4　两个VCU改变一
　些软件，然后回
　到"空闲"状态　4

(f) 电话呼叫拆除

图 3.10　电话呼叫拆除过程

(2)远端站 B 接收到来自远端站 A 挂机的通知后,它通知与其连接的本地 CO 或 PBX, 通话已经结束。远端站 B 挂机, 如图 3.10(b)所示。

(3)远端站 B 通过业务信道通知远端站 A 它收到挂机信号,如图 3.10(c)所示。

(4)两个远端站通过内向控制信道通知网络控制系统,它们之间的话音通信已经结束, 请求拆除信道连接, 如图 3.10(d)所示。

(5)网络控制系统收到来自远端站 A 和 B 的通知后, 重新分配频率。将该信道(频率)分配给其他请求信道的用户,并通知远端站 A 和 B, 如图 3.10(e)所示。

电话呼叫信道连接拆除的同时, 可能该信道已经被分配给了其他的用户。

3.3.2　数据链路连接

当两个远端站之间需要进行数据传输时, 就要进行数据链路的连接。数据链路的连接包括数据链路连接和拆除、异步 DAMA 数据电路建立和拆除。

1. 典型的固定数据链路

在 TES 系统中, 有许多 DCU 根据需要连接固定的信道(频率), 每个 DCU 连接规定的频率。这些频率是不能被再分配的, 除非不再使用该信道。

典型的固定数据链路如图 3.11 所示。

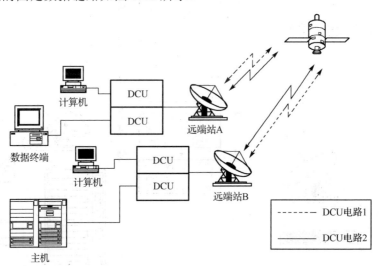

图 3.11　典型的固定数据链路

(1)DCU 用来传送数据。

(2)数据终端设备(DTE)接在每个远端站的 DCU 上。

(3) 一旦配置完毕，卫星上就保留一条数据链路。

(4)TES 传送同步和异步数据。

2. 数据电路连接

数据电路的连接如图 3.12 所示。

(1)CU 被安装在远端站上。

(2)CU 在网络上设置。

① CU 装载引导码，请求和接收操作码。

② 新的 DCU 在等待其他的 DCU 被设置的时间内，将是空闲的。

(3)第二个 DCU 在网络上设置：第二个 DCU 装载引导码并请求和接收操作码。

(4)网络控制系统操作员设置连接。

(5)网络控制系统为远端 DCU 分配连接信息。

(6)第一个 DCU 请求连接激活。

(7)网络控制系统分配电路信道。

(8)建立链路和保持连接。

下面进行具体说明。

(1)网络控制系统中的 NCP 为远端站 A 和 B 的 DCU 通过外向控制信道分配连接信息。因为在 TES 系统中，数据信道采用预分配方式，NCP 为整个系统中的数据信道预先分配了充分的通信信道(频率)，如图 3.12(a)所示。

(2)远端站 A 的 DCU 要向远端站 B 的 DCU 传送数据时，它通过内向控制信道向网络控制系统 DPU 发送请求连接电路申请，如图 3.12(b)所示。

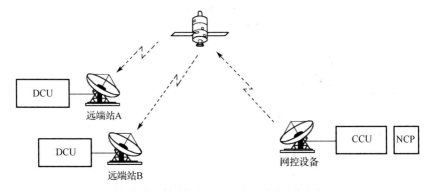

(a) 网络控制系统为 DCU A 和 B 分配连接信息

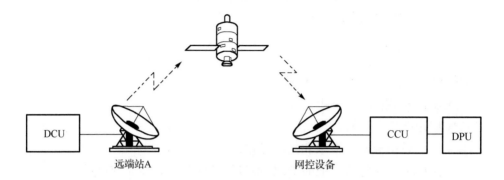

(b) DCU A 请求连接电路

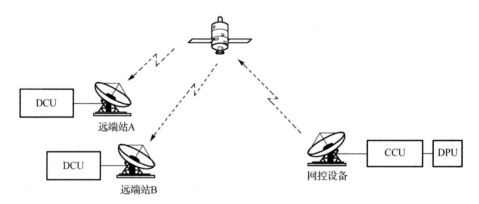

(c) 网络控制系统(DAMA 处理器)分配数据连接电路信道

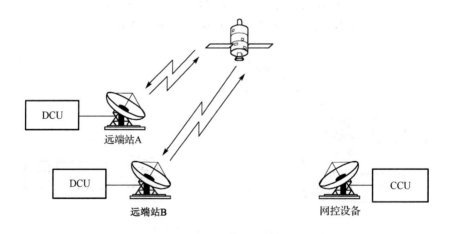

(d) 数据连接保持建立

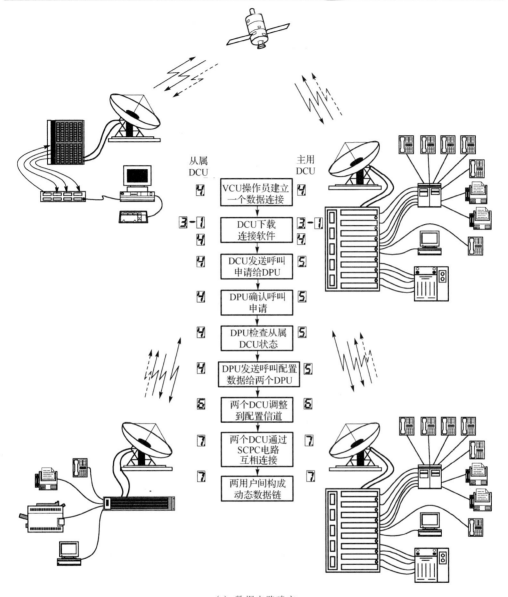

从属
DCU

主用
DCU

VCU操作员建立
一个数据连接

DCU下载
连接软件

DCU发送呼叫
申请给DPU

DPU确认呼叫
申请

DPU检查从属
DCU状态

DPU发送呼叫配置
数据给两个DPU

两个DCU调整
到配置信道

两个DCU通过
SCPC电路
互相连接

两用户间构成
动态数据链

(e) 数据电路建立

图 3.12　数据电路的连接

　　(3) 网络控制系统中 DAMA 处理器 DPU 接收到远端站 A 的 DCU 的请求后，通过外向控制信道为远端站 A 和 B 分配数据连接电路信道(频率)，如图 3.12(c)所示。

(4)远端站 A 和 B 得到网络控制系统 DPU 分配的信道(频率)后建立数据连接,并保持通信状态,如图 3.12(d)所示。

3. 数据电路拆除

当两个远端站之间的数据传输完毕后,分配的信道应该拆除,以备其他 CU(用户)使用。因为非固定数据链路的连接对象不是固定的,所以在某一时刻,远端站 A 的 DCU 需要与远端站 B 的 DCU 进行数据传输,它们之间建立连接;下一个时刻,远端站 A 的 DCU 需要与远端站 C 的 DCU 进行数据传输,它们之间也建立连接;以此类推。数据传输完毕,连接线路拆除,DCU 处于空闲状态,等待下一次通信链路的建立。

数据电路拆除过程如图 3.13 所示。

(1)网络控制系统操作员清除连接。

(2)网络控制系统操作员为 DCU 发送清除命令。

(3)DCU 请求拆除。

(4)DPU 清除电路。

(5)DCU 空闲。

下面进行具体说明。

(1)网络控制系统通过外向控制信道经过远端站 A 和 B 的 MCU 为 DCU A 和 B 发送一个清除命令,如图 3.13(a)所示。

(2)提出请求链路连接的远端站 DCU(这里是远端站 A DCU)接收到网络控制系统的清除命令后,通过内向控制信道向 DPU 发送拆除请求,如图 3.13(b)所示。

(3)网络控制系统的 DPU 接收到来自远端站 A 的 DCU 的清除请求后,通过外向控制信道向远端站 A 和 B 发送确认信号,确认对 DCU A 的拆除请求,给予应答,如图 3.13(c)所示。

(4)远端站 A 接收到来自网络控制系统的应答,其 DCU 拆除连接并从当前状态进入空闲状态。

注意,此时,远端站 B 的 DCU 仍然处于连接状态。

(5)远端站 B 的 DCU 处于等待状态超过一定的时间,即等待超时,也通过内向控制信道向网络 DPU 发送拆除请求,并重复远端站 A DCU 的操作进入空闲状态。

(6)远端站 A 和 B 的 DCU 之间的连接电路拆除,它们均处于空闲状态,如图 3.13(d)所示。

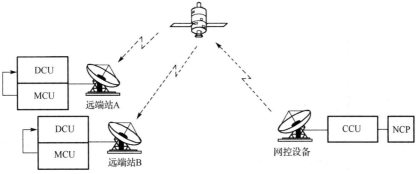

(a) 网络控制系统通过 MCU 为 DCU A 和 B 发送一个清除命令

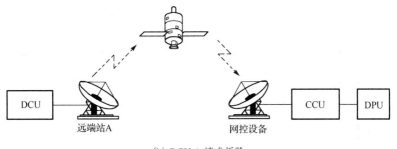

(b) DCU A 请求拆除

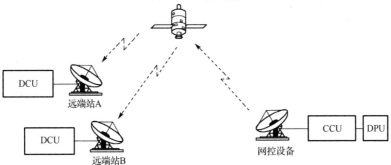

(c) 网络控制系统 DPU 确认对 DCU A 的拆除请求

(d) 电路拆除和 DCU 空闲

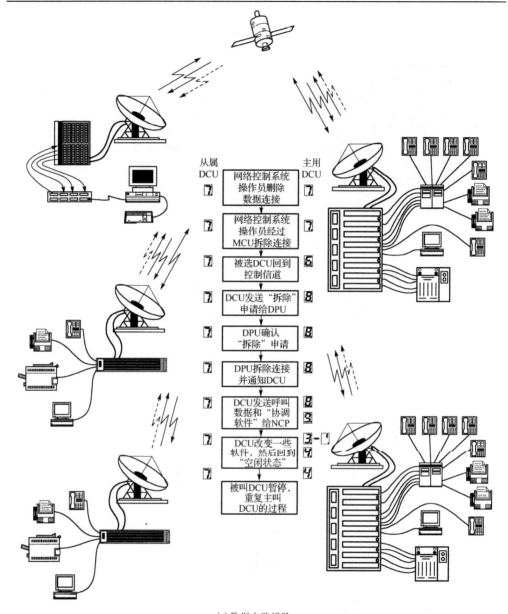

(e) 数据电路拆除

图 3.13　数据电路拆除过程

4. 异步 DAMA 数据电路建立

异步 DAMA 数据电路是在数据电路上通过拨号建立起来的异步数据业务，其连接过程如图 3.14 所示。

（1）用户与异步 DAMA 数据信道单元（Asychronous DAMA Data Channel Unit，ADDCU）设备通过拨号产生数据连接。

（2）ADDCU 呼叫建立与 VCU 呼叫建立相同。

（3）ADDCU 在数据电路上建立异步数据业务。

下面进行具体说明。

（1）远端 ADDCU 请求建立连接，如图 3.14（a）所示。

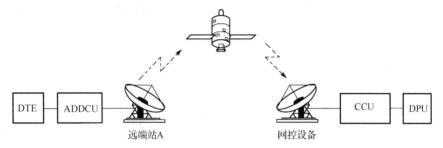

(a) 远端 ADDCU 请求建立连接

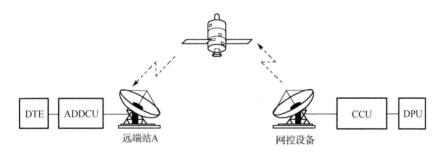

(b) 网络控制系统确认请求

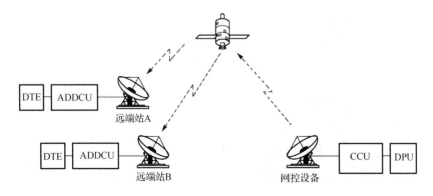

(c) 网络控制系统分配频率并将远端站 A 和 B 的 ADDCU 相互连接起来

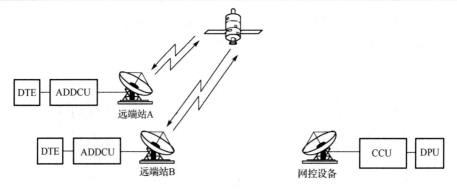

(d) 远端站通信

图 3.14　异步 DAMA 数据电路连接过程

(2)网络控制系统确认请求，如图 3.14(b)所示。

(3)网络控制系统分配频率并将远端站 A 和 B 的 ADDCU 相互连接起来，如图 3.14(c)所示。

(4)远端站通信，如图 3.14(d)所示。

5. 异步 DAMA 数据电路拆除

异步 DAMA 数据电路拆除过程如图 3.15 所示。

(1)ADDCU 拆除与 VCU 所做的拆除相同。

(2)用户数据设备通过某些命令拆除数据电路。

下面进行具体说明。

(1)远端站 A 的用户挂机；远端站 A 的 ADDCU 通知远端站 B 的 ADDCU，如图 3.15(a)所示。

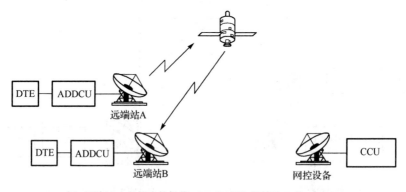

(a) 远端站 A 的用户挂机其 ADDCU 通知远端站 B 的 ADDCU

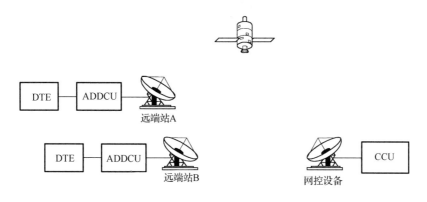

(b) 远端站 B 通知用户计算机

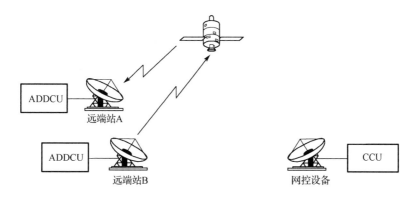

(c) 远端站 B 通知远端站 A

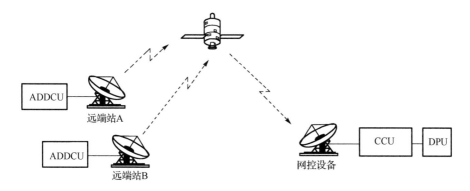

(d) 两个远端站设备通知网络控制系统

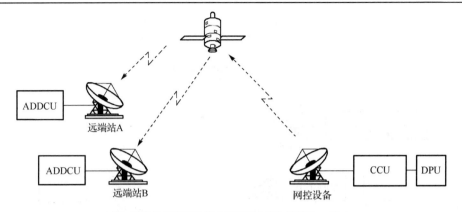

(e) 网络控制系统重新分配频率并通知远端站 A 和 B

图 3.15　异步 DAMA 数据电路拆除过程

(2) 远端站 B 通知用户计算机，如图 3.15(b) 所示。

(3) 远端站 B 通知远端站 A，如图 3.15(c) 所示。

(4) 两个远端站设备通知网络控制系统，如图 3.15(d) 所示。

(5) 网络控制系统重新分配频率，通知远端站 A 和 B，如图 3.15(e) 所示。

第 4 章　TES 远端站安装

TES 远端站安装前必须检查设备的完好性和工具的齐备性。提前准备好 TES 设备记录表，记录设备的模块和序列号，并准备必要的仪表和工具，例如，入网开通电缆、测试设备、连接头、连接器和常用工具等[23]。

TES 远端站安装前的准备工作主要包括现场调查、室外设备安装和室内设备安装，以及电气和接地等。

4.1　现　场　调　查

现场调查决定要安装哪些 TES 设备及其精确位置，以及要求哪些安装工作。一般现场调查和现场准备都在 TES 安装人员到达前完成。以下是现场调查的步骤。

(1) 完成场地设计并准备好现场调查的表格。

(2) 进行现场调查，其结果记录在远端站/网关现场调查表中。调查结果包括以下内容。

① TES 天线的最佳安装位置和安装方式。

② 室内与室外设备间电源电缆和 IFL 的布设路径。

③ 室内设备的位置及接口电缆布线要求。

④ 场地的主电源要求。

⑤ 核实电话接口的规格。

⑥ 核实数据接口的规格。

⑦ 收集卫星和天线的参数。

(3) 如果工程要求转包，则要与转包商联系并且估算附加的服务费。

(4) 一旦现场调查完毕，由管理者审批所建议的设备安放位置和安装方法。

基于现场调查，用户对以下两点负责。

(1) 得到承包者和转包者的服务及所有建筑许可、城市规划、用地批准手续等。

(2) 按需要准备场地，包括天线底座、交流电源和电缆敷设。

1. 室外设备定位

TES 室外设备的位置由四个因素决定：物理空间、电磁环境测试、环境条件和安全性。

1）物理空间

当推荐和选择天线位置时，要保证指向卫星方向的视野一直无遮挡。从天线到卫星的这条直的视线范围内没有树、篱笆、墙、建筑物或山阻挡信号。

在天线定位时，要考虑到场地现在和将来的条件，如会不会有树长起来进入天线视线或将来新建建筑物挡住天线指向。天线定位还应使 IFL 等于或小于 500ft（152.4m）。

2）电磁环境测试

由具有无线电管理委员会电测资质的单位根据卫星通信地球站设台标准进行测试，并提供电测报告。

3）环境条件

TES 能在多数天气条件下工作，但是雪和冰堆积在天线反射面上会干扰天线接收和发射信号的性能。在那些冰雪较多的地带，必须安装可选用的除冰装置，以保证系统的最佳性能。

下面给出了室外设备的附加环境的要求，列出了工作与存储环境的要求。

（1）操作环境要求。

① 机箱。

温度：0～40℃（32～104°F）。

湿度：5%～95%无凝结。

海拔：>5000ft（1524m），每 1000ft（0.3048km）最大下降 1℃。

振动：0.21g 10min。

冲击：10g/10ms。

② 室外设备。

温度：−3～55℃。

湿度：5%～100%/49℃，100%雨量 2in/h（1in = 2.54cm）。

风力：>50mph（1mph = 1.609344km/h），增益变化不大于 1dB。

海拔：>15000ft（4572m）。

盐雾，砂，工业污染，灰尘以及其他特性：与通常在沿海和工业环境中要求一样。

(2)储存环境要求。

① 机箱。

温度：−40～+70℃。

湿度：5%～95%无冷凝。

海拔：≥40000ft(12192km)。

振动：0.5～2.09g·10min。

冲击：40g/10ms。

② 室外设备。

温度：−50～+75℃(−58～167°F)。

温度：95%/65℃(149°F)，100%雨量 2in/h。

海拔：≥50000ft。

风力：≥125mph。

数值仅作为参考，还需要更多的信息，以使其准确和有意义。

4)安全性

如有可能，在室外单元的周围围上不影响天线视野的栅栏或拉上黄线。竖立警告标志，上面用本国语和英语提醒人们有危险。建议用安全灯，有利于室外设备的安全。

2. 室内单元定位

室内单元应定位在通风条件好的地方，不要把设备放在散热器或其他热源边上，尽可能不要放在灰尘多和湿度高的地方或有烟及腐蚀性气体的地方。用户接口设备应尽量靠近 TES 设备以便进行操作。

室内设备的主电源引线不能超过 6ft(1.8288m)。应在机房内保留足够的空间来调整所有设备，并且要在设备四周也留有足够的工作空间。

TES 机架必须与地板固定。

3. 电源

每种型号的 TES 机箱对输入主电源的要求如下。

1)标准机箱

(1)电压：115±15V$_{AC}$(交流电)或 230±30V$_{AC}$ 或 48±5V$_{DC}$(直流电)。

(2) 频率：47～63Hz/AC 或 0Hz/DC。

(3) 功率，如表 4.1 所示。

表 4.1　标准机箱功率

CU 号数	功率/W
0	5
1	70
2	135
3	200
4	285

2) HDC

(1) 电压：$115\pm15V_{AC}$ 或 $230\pm30V_{AC}$ 或 $48\pm5V_{DC}$。

(2) 频率：47～63Hz/AC 或 0Hz/DC。

(3) 功率，如表 4.2 所示。

表 4.2　HDC 功率

CU 个数	功率/W	CU 个数	功率/W
0	75	8	590
1	140	9	655
2	205	10	720
3	270	11	780
4	335	12	845
5	395	13	910
6	460	14	975
7	525		

3) 室外设备

(1) 电压：$115\pm15V_{AC}$ 或 $230\pm30V_{AC}$。

(2) 频率：47～63Hz/AC。

(3) 功率，如表 4.3 所示。

表 4.3　室外设备功率

SSPA	波段	功率/W
2W	Ku	140
5W	Ku	180
5W	C	185
8W	Ku	280
10W	C	290
16W	Ku	400
20W	C	465

4)RF 终端安全环境要求

(1)温度：–40～85℃（–34～+60℃），储存（操作）。

　　　　　　–40～185°F（–29～140°F）。

(2)湿度：0～100%无冷凝。

(3)风力：≥125mph（201km/h）无冰。

(4)海拔：≥40000ft（12192m）。

(5)盐雾，砂，工业污染，灰尘以及其他特性：与在沿海和工业环境中要求一样。

(6)冲击和振动：与通常工业运输要求一样。

TES 可以工作在 $115V_{AC}$、$230V_{AC}$、$24V_{DC}$ 或者 $48V_{DC}$，对电源的要求应在订货时提出。

(1)电源。必须提供干净的不间断电源，室内与室外设备必须是分开的供电电路，每个电路应有过流保护，并将火线、地线和中线分开，每个 TES 机架在一个单独的电路上。

(2)除冰装置电源要求。带有除冰装置的天线需 $115/230V_{AC}$、50/60Hz 电源，其正常情况下功耗为 2550W。

4. 接地

TES 远端站必须具有良好的接地系统。设备必须接地，如果接地不正确，潜在致命的高电压有可能造成人员伤害或设备受损。TES 远端站接地方法参见有关手册。

1)电缆

在场地准备过程中，IFL 和电源电缆的长度就确定了。 IFL 订货可订任何长度，最长不能超过 500ft（152.4m）。IFL 只用美国休斯网络系统公司认可的电缆，不要用其他电缆代用，如果电缆不正确，则 TES 有可能工作不正常。

IFL 电缆是耐高温电缆，可在管道中敷设，但绝不能与电源电缆在同一管道中敷设。

2)电源线连接

用户应提供符合本国标准的电源插头，TES 设备上的电源线颜色可能与用户提供的插头标志颜色不相符。如果有这种情况，按以下规则连接电源线与插头。

(1)黄色和绿色的线，与插头上标有字母 E 或接地标志的插头相接，或者与绿色或黄色的插头相连。

(2)蓝色线与标有字母 N 或黑色的插头相连。

(3)棕色线与标有字母 L 或红色的插头相连。

4.2   TES 远端站室外设备安装

TES 远端站设备的安装顺序是：天线底座、天线、室外单元、室内单元。
TES 远端站室外设备的安装顺序如下。

(1)天线和它的底座。

(2)RFE。

(3)中频电缆连接。

(4)电源电缆。

在安装任何 TES 室外设备之前，必须先完成以下工作。

(1)天线支架安装(不论是地面安装还是非穿透式安装)。

(2)室外布线及测试。

(3)IFL 电缆安装。

(4)检查安装和入网开通所需的工具及器材是否齐全,所需工具和器材可在设备销售厂家的资料中找到。销售厂家的资料包括组装 TES 各种型号天线的步骤及每种天线所能配的 RFE 型号。

在中国民航 C 波段卫星通信网络中，由于采用国产卡塞格伦卫星接收天线，不同生产厂家的天线，其底座和安装方法不尽相同，可参考厂家提供的有关资料。

4.3   TES 远端站室内设备安装

TES 远端站室内设备的安装顺序为：机架、机箱和信道单元。当然，包括 IF 电缆和电源线的连接[19]。

4.3.1   机架安装

在室外设备安装完毕之后，开始安装机架和其他室内设备。

美国休斯网络系统公司运来的 TES 机架，已经安装好机箱托盘、IF 电缆、机箱间连接电缆和电源电缆。IF 电缆上标着"IF IN"和"IF OUT"，很容易识别。机箱间连接电缆是成对的双绞线并与 IF 电缆捆在一起。同时还包括一些固定机箱的配件、螺丝和垫片等。

美国休斯网络系统公司的 TES 机架有两种类型：一种用于安装 I 型或 II 型 TES 机箱；另一种用于安装 TES HDC。

1. I/II 型机架安装

美国休斯网络系统公司提供的是开放式机架，如果机箱安装在封闭式机架中，那么关于气流循环事宜及其他细节请与美国休斯网络系统公司联系。机架前后至少保留 18in（45.72cm）空间保证通风，一般留 24～36in（60.96～91.44cm）比较利于设备维护。机架环境温度不能超过 40℃（104°F）。

以下是安装机架的过程。

（1）做好机架安装地面的准备工作，每个机架要用四个螺栓固定在地板上，从图 4.1 可确定它们的正确位置。注意，螺栓长度决定于安装地面，既要保证螺栓在地板下的深度足够固定机架，还要高出地面 1.2in（3.048cm）±0.2in（0.508cm）。

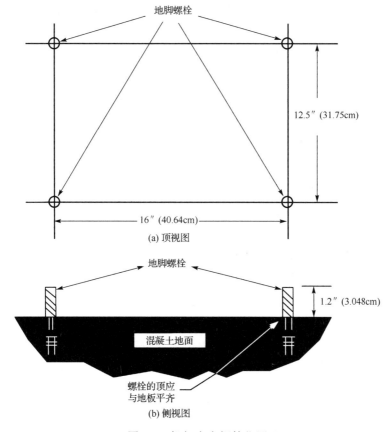

图 4.1　机架底座螺栓位置

(2)把机架安装在螺栓上，然后在螺栓上装上弹簧垫圈、六角螺母，轻微拧紧。

(3)用水平仪确定机架水平，如有必要可在机架下加垫片来调整，机架调水平后再把机架四角的六角螺母拧紧。

(4)在电闸板上切断到机架的电源。

(5)把电源线连到机架上。两手握住插头朝正确的方向转动，就可拧开插头。

(6)拧下(或拧松)螺钉，拆开插头零件。

(7)参考螺钉色标，连接电源线。地线：绿色；火线：X；中线：Y。

(8)将插头两部分对上，然后转动锁住。

(9)在电闸板上打开机架电源，用万用表测试机架电源的电气连接。

如果电源连接检查通过，则可以开始准备安装 TES 机箱。

2. HDC 安装

HDC 的安装步骤基本与 I/II 型机架一样。但 HDC 的电源连接与 I/II 型机架有较大的区别。

HDC 安装的步骤如下。

(1)做好机架安装地面的准备工作，每个机架要用四个螺栓固定在地板上，从图 4.1 可确定它们的正确位置。注意，螺栓长度决定于安装地面，既要保证螺栓在地板下的深度足够固定机架，又要高出地面 1.2in(3.048cm) ± 0.2in(0.508cm)。

(2)把机架安装在螺栓上，然后在螺栓上装上弹簧垫圈、六角螺母，轻微拧紧。

(3)用水平仪确定机架水平，如有必要可在机架下加垫片来调整，机架调水平后再把机架四角的六角螺母拧紧。

(4)在电闸板上切断到机架的电源。

(5)把电源进线连接到机架的电源母线上，见图 4.2。

① 剥去电源进线的火线和中线绝缘层 1in(2.54cm)。

② 用六角扳手拧松机架电源母线上火线连接器的定位螺钉(背面)。

③ 把剥去绝缘层的电源火线(红色标记)插入母线上的电源连接器，并拧紧定位螺钉。

④ 用六角扳手拧松机架电源母线上中线连接器的定位螺钉(前面)。

⑤ 把剥去绝缘层的电源中线(黑色标记)插入母线上的电源连接器，并拧紧定位螺钉。

⑥ 剥去电源进线的地线绝缘层 1/2in(1.27cm)。

⑦ 用压线钳在剥去绝缘层的电源地线上加一个连接头。

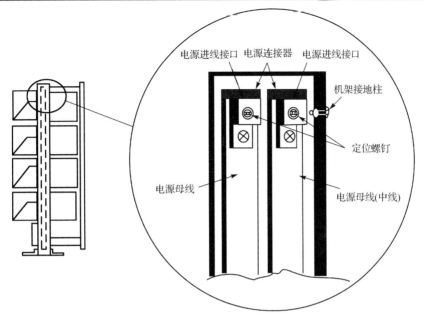

图 4.2　HDC 电源母线

⑧ 用一个大号一字螺丝刀和 9/16in(1.42875cm)可调扳手，取下机架地线紧固螺母和弹簧垫圈。

⑨ 把地线端的连接头套在机架接地螺栓上，并用紧固螺母和弹簧垫圈固定。

⑩ 重复①～⑨步，把电源进线连接到机架另一边的冗余电源母线上。

(6)在电闸板上合上机架电源，用万用表测试电气连接。

如果电源连接检查通过，则可以开始准备安装 TES 机箱。

4.3.2　机箱安装

在中国民航 C 波段卫星通信网络中，TES 远端站没有使用 I 型机箱。所以，这里仅讨论 II 型机箱和 HDC 的安装。

1. II 型 TES 远端站机箱安装

II 型 TES 远端站机箱安装有五个步骤。

(1)机箱安装前准备。

(2)把机箱装入机架。

(3)设置机箱上的跳接块。

(4)设置机箱识别号(Identifier, ID)开关。

(5)连接机箱间电缆。

即使不用机架，也可按照此安装过程进行，可跳过不必要的步骤。

1)机箱安装前准备

机箱安装前要做下列两件工作。

(1)移去机箱前面板和屏蔽罩。

执行下列步骤移去机箱前面板和屏蔽罩。

① 拧开前面板的两个螺钉，向上提即可取下前面板。

② 拧开十字螺钉，移去屏蔽罩。

(2)移去 CU 防尘条。

执行下列步骤移去 CU 防尘条。

① 在机箱后面，去掉要安装 CU 的槽位的防尘条。

② 把卸下的螺丝放在一边以备后用。

2)把机箱装入机架

按照以下步骤把机箱装入机架。

(1)从机架上取下装螺钉和垫圈的包。

(2)把机箱装入机架。机箱放在导轨上，机箱托盘两边的孔与机架上的孔对齐。

(3)用包中的螺钉和垫圈，把机箱托架固定在机架上，每边用 4 个螺钉(共 8 个)。

(4)重复(1)～(3)步直到所有机箱安装上架。

3)设置机箱上的跳接块

设置机箱上的跳接块，执行以下步骤。

(1)如果是机架顶部或底部的机箱，或是单独的机箱，则把机箱背面的机箱间连接接口 TERM 跳接块(W_6)设在 A，这表示端接机箱间连接总线。

(2)如果是机架中间的机箱，则把 TERM 跳接块设在 B 端。图 4.3 所示为跳接块的位置。

因为机架中间的机箱与其上下的机箱相连接，相当于接了一个负载；而机架顶部或底部的机箱，或是单独的机箱则没有与任何其他机箱连接，即没有负载，所以必须把其机箱间连接接口 TERM 跳接块(W_6)设在 A 位置，终端接一个负载。位置 B 则相当于空载。

4)设置机箱 ID 开关

按以下步骤设置机箱 ID 开关。

（1）从远端站配置表中找到机箱 ID 号，机箱 ID 是一个 4 位十六进制数。

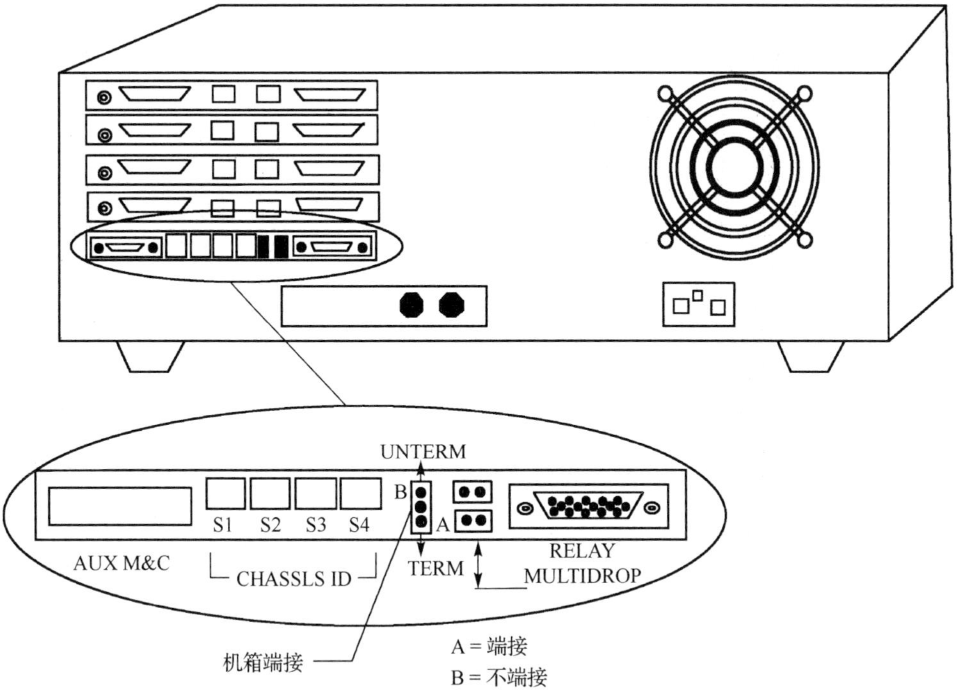

图 4.3　跳接块的位置

（2）用一个小螺丝刀伸入标有 CHASSIS ID 的小开关的槽中，设定机箱标识号。在 TES 系统中，每个机箱 ID 是唯一的。图 4.4 中机箱的标识号是 C30C。其中，S1 为最高位，S4 为最低位。

5）连接机箱间电缆

连接以下机箱间电缆。

（1）连接机箱间连接电缆。

机箱间连接电缆使机箱都连接在 M&C 总线上。该电缆连接机箱背面的 MULTIDROP IN 和 OUT 连接头，机箱 1 连到机箱 2，机箱 2 连到机箱 3，如此下去直到所有机箱串接起来。安装机箱间连接电缆完成以下各步。

① 机箱间连接电缆从顶部机箱开始，顺着机架后的电缆走线槽把电缆引到第二个机箱的后面，电缆的一端连接到顶部机箱的 MULTIDROP OUT 上，另一端连接到第二个机箱的 MULTIDROP IN 连接头上。注意，由于电缆上没有标记，所以要用万用表检查电路以证实电缆连接正确。

② 连接第二个机箱的 MULTIDROP OUT 连接头到第三个机箱的 MULTIDROP IN 连接头。

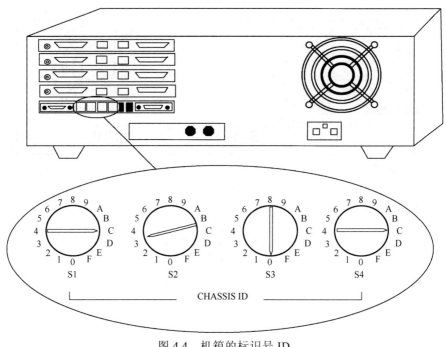

图 4.4　机箱的标识号 ID

③ 电缆从一个机箱出来再连到下一个机箱，如此继续下去，直到所有的机箱连接到一起。

④ 在底部的机箱，机箱间连接电缆应接在 MULTIDROP IN 连接头上，并再次检查机箱间连接接口 TERM 跳接块(W_6)是否设在 A 端，表示端接。

⑤ 在最顶部的机箱，机箱间连接电缆应接在 MULTIDROP OUT 连接头上，并再次检查机箱间连接接口 TERM 跳接块(W_6)是否设在 A 端，表示端接。

⑥ 检查各中间机箱(如有三个以上机箱)跳接块 W_6 是否设在 B 端，即不端接。

雷、暴期间绝不要安装电话设备。不要在潮湿处安装电话插座，除非插座是专门设计用于潮湿地区的。绝不要接触未绝缘的电话线或端子，除非电话线已与网络接口断开。安装和改动电话线时要小心。

通常一个机架内只有一个 MCU，如果有多个 MCU，则把每个 MCU 辖域看成一个单独的机架，对每个辖域的顶部和底部机箱进行端接。每个域的连接就像多个机箱的逐接。

(2)连接 IF IN 和 IF OUT 电缆。

IF IN 和 IF OUT 电缆把每个机箱与机架上的 IF 分配器相连。安装 IF 电缆按照以下步骤进行。

① 对每个安装在机架上的机箱，把从 IF 分配器来的 IF IN 电缆连到机箱后面的 IF IN 连接头上。

② 把 IF OUT 电缆连接到机箱后面的 IF OUT 连接头上。

③ 如果机架上少于六个机箱，则要在未用的 IF 电缆端加一个 50Ω 终端器。当完成时，每个 IF 电缆端必须连接一个终端器或与机箱连接。

2. HDC 的安装

把 TES HDC 安装到机架上，要完成以下几步。

(1)机箱安装的准备工作。

(2)将机箱装入机架。

(3)安装机箱内部模块。

(4)设置机箱 ID 开关。

(5)连接机箱间电缆。

(6)连接 IF 输入和 IF 输出电缆。

1)机箱安装前准备

机箱的准备工作要求完成以下步骤。

(1)打开机箱前面板。

① 松开紧固件，将前面板的上顶拨离机箱并将其向下旋转，可把机箱前面板移去。注意，HDC 前面板和屏蔽罩是一个整体。

② 机箱铁栅移去时，要从安装槽中抬起曲瓦。

(2)移去电源盖。

① 从机箱背面松开紧固件，从机箱移去上电源盖。

② 松开紧固件，移去下电源盖。

2)将机箱装入机架

执行下列步骤，将机箱装入机架。

(1)从机架中拿出螺丝和垫圈。

(2)将机箱装入机架,把它安放在导杆上,将机箱框两边的孔与机架上的孔对齐。

(3)用第(1)步取下的口袋中的螺丝和垫圈，将机箱框固定在机架上，每边用三个螺丝(共六个)。

(4)重复(1)～(3)步，直至所有机箱都安装到机架上。

3)安装机箱内部模块

HDC 内置三个模块，其中两个是电源，第三个是风扇托盘。在机箱里安装这些模块，执行以下步骤。

(1)风扇托盘组件安装。

在机架中安装风扇托盘组件，执行以下步骤。

① 将风扇托盘组件装入机箱。

② 将组件轻轻插入机箱，使其后部的连接器牢牢插入机箱背板。

③ 用两个带栓的紧固件，固定组件位置。

④ 对每个机箱重复①～③步。

(2)电源安装。

每个机箱要安装两个电源，电源是按负载共享的方式连接的，但在安装过程中不需要特殊的连接和跳线。

执行下列步骤安装电源。

① 将电源轻轻插入上部机箱电源槽 A 导轨，使其后部连接头插入机箱内插座上。

② 将地线与电源地接线头相连。

③ 对下部的电源 B 重复第①和第②步。

④ 盖上电源罩，用三个紧固件固定。

4)设置机箱 ID 开关

设置机箱 ID 开关，执行以下几步。

(1)从远端站配置表中找到机箱 ID 号，它是一个十六进制的 4 位数。

(2)用小螺丝刀伸入标有 CHASS ID 的小开关的槽中，设定机箱标识号码。HDC ID 与 II 型机箱的 ID 设置一样。其中，S1 为最高位，S4 为最低位。

(3)对每个机箱重复①、②步。

5)连接机箱间连接电缆

机箱间连接电缆把机箱连接到 M&C 总线上，该电缆连接机箱后面的 MULTIDROP IN 和 OUT 连接头。机箱 1 与机箱 2 连接，机箱 3 与机箱 4 连接。

每个 MCU 域，不能多于两个 HDC。因为，每个 MCU 最多只能管理 27 块 CU，而每个 HDC 最多可安装 14 块 CU，两个 HDC 最多可安装 28 块 CU，其中有一块设置成为 MCU。

安装机箱间连接电缆执行以下步骤。

(1)机箱间连接电缆从顶部机箱开始,顺着机架后电缆走线槽把电缆引到第二个机箱的后面,电缆的一端连接到上面机箱的 MULTIDROP OUT(J27)上,另一端连接到第二个机箱的 MULTIDROP IN(J26)连接头上。注意,电缆没有标志,所以用万用表检查电路以保证电缆连接正确。

(2)用同样的方法,将第三个机箱的 MULTIDROP OUT(J27)连接头连接到第四个机箱的 MULTIDROP IN(J26)的连接头上。

(3)继续对每个机架进行连接,机箱成对连接,直到所有机箱都连接上。

(4)在每对机箱的底部机箱上,机箱间连接电缆应连在 MULTIDROP IN(J26)连接头上,再次检查跳接块 W_1 是否设在 A 端。

(5)在每对机箱的顶部机箱上,机箱间连接电缆应接在 MULTIDROP OUT(J27)上,并检查跳接块 W_6 是否设在 A 端。

同样,雷、暴期间绝不要安装电话设备。不要在潮湿处安装电话插座,除非插座是专门设计用于潮湿地区的。绝不要接触未绝缘的电话线或端子,除非电话线已与网络接口断开。安装和改动电话线时要小心。

通常每两个 HDC 仅有一个 MCU,但是如果用了一个以上的 MCU,每个 MCU域按单独的机架处理,即端接每个辖域中的顶部和底部机箱,每个辖域要像安装机箱间连接电缆那样连接电缆。

6)连接 IF 输入和 IF 输出电缆

IF 输入和 IF 输出电缆把每个机箱与机架上的 IF 分配器相连,安装 IF 电缆执行下列步骤。

(1)对每个安装在机架上的机箱,把从 IF 分配器来的 IF IN 电缆连到机箱后面的 IF IN(J22)连接头上。

(2)把 IF OUT(J21)连到四路合路器 IF OUT 的相应端口上。

(3)如果机架中少于四个机箱,在 IF 分路器和合路器未用的口上加上一个 50Ω的终端器。

当安装完成时,每个 IF 分/合路器的口必须连接一个终端器或与机箱连接。

4.3.3　信道单元安装

在中国民航 C 波段卫星通信网络中,TES 远端站没有使用 I 型 CU。所以,这里仅讨论 II 型 CU 和 III 型 CU 的安装。

Ⅱ型 CU 和Ⅲ型 CU 均可以安装在Ⅱ型机箱或 HDC 中，也可以混合安装。但必须注意两种 CU 的输入/输出电平具有一定的差别。Ⅲ型 CU 与Ⅱ型 CU 的安装没有本质的区别，只是在子板的安装位置上稍有差别。下面主要以Ⅱ型 CU 的安装工程进行介绍。

1. Ⅱ型机箱中 CU 的安装

Ⅱ型机箱中 CU 的安装步骤如下。
(1)在机箱背板上设置 CU 槽位终端跳接块。
(2)在机箱中安装 CU。
在安装 CU 之前，必须设定所有 CU 槽的槽位终端跳接块。

1) CU 操作方法
CU 都包装在防静电塑料袋中，以防止电磁静态放电(Electromagnetic Static Discharge，ESD)使其损坏。任何时候当操作、触摸不在袋中的 CU 时，必须用一个与地相连的金属腕带，否则可能导致 CU 损坏或失去 NVRAM 值。

2) 在机箱中安装 CU
安装 CU 需执行下列步骤。
(1)设定背板终端跳接块。
在安装任何 CU 板之前，必须设定在机箱背板上的 CU 槽位终端跳接块，图 4.5 表示机箱背板上跳接块的位置。

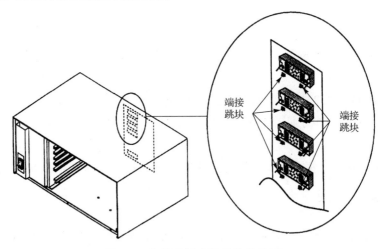

图 4.5　机箱背板上跳接块的位置

　　通常 TES 机箱发货时，工厂将跳接块设置在"B"（非端接）位置上，当在机箱中安装少于 4 个 CU 时，所有未安装 CU 的槽都需将跳接块改变到"A"（端接）位置上。对于发送跳接块 $W_2 \sim W_5$，以及接收跳接块 $W_6 \sim W_9$，都要这样做，如表 4.4 所示。

表 4.4　CU 槽位终端调节块设定表

CU 槽号	槽位占用	槽位端接	终端跳接块	
1	是	否	W_2 B▨•A	W_6 B▨•A
2	否	是	W_3 B•▨A	W_7 B•▨A
3	否	是	W_4 B•▨A	W_8 B•▨A
4	否	是	W_5 B•▨A	W_9 B•▨A

　　(2) 安装 CU 子卡。

　　在安装任何 CU 之前，必须确定远端站配置中是否包括两个作为选件的子卡。它们是 FIM 和 ICM。FIM 和 ICM 均按背负方式安装在 CU 母板上，图 4.6 和图 4.7 表示 II 型 CU 和 III 型 CU 的子卡安装位置。

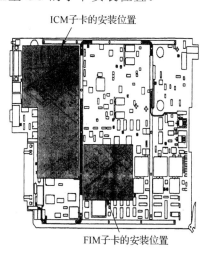

图 4.6　II 型 CU 子卡安装位置

　　下面给出 CU 子卡的安装方法：只有当选件子卡中一个或两个要安装时，才执行这些步骤，如果 TES 配置不包括子卡选件，则跳过这些步骤。

　　① 安装 FIM 子卡。

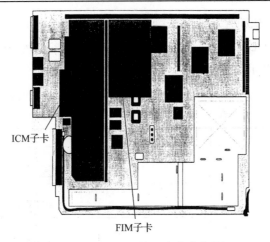

图 4.7　Ⅲ型 CU 的子卡安装位置

a. 把 ESD 腕带与地相连。

b. 将 FIM 子卡下面的插座孔对准 CU 母板上的连接针。

c. 用平稳的向下的压力，压 FIM 插座的外边缘，将 FIM 完全压入母板，直至支撑柱触及母板的表面。

② 安装 ICM 子卡。

a. 把 ESD 腕带与地相连。

b. 将 ICM 子卡下面的插座孔对准 CU 母板上的连接针。

c. 用平稳的向下的压力，压 ICM 插座的外边缘，将 ICM 完全压入母板，直至支撑柱触及母板的表面。

注意，在安装子板时遇到阻力应该停止压力。

③ 装 CU 入机箱。

在安装 CU 之前要求机箱关掉电源。安装时，对得不准或对 CU 模块用力过大会使 CU 与邻近的 CU 模块接触，这将导致两个模块永久性损坏。如果安装 CU 模块时机箱不能关掉电源，则要仔细确保对准，使 CU 不致受力引起弯曲或其他错位。

a. 沿导杆滑动 CU，将其推到位，直至它插入背板连接头。

b. 压推拔器以固定 CU。

c. 重复步骤 a 和 b 直至所有 CU 都安装到机箱中。

d. 取出那些从机箱后背移去防尘条时搁在一边的螺丝，复原它们以固定每个 CU。

e. 复原机箱前屏蔽罩，拧紧所有十字螺丝。

f. 复原机箱前面板，并拧紧所有螺丝。

注意，在接口连接完成和室外设备入网开通之前，机箱不要加电。

2. HDC 中 CU 的安装

HDC 中 CU 的安装步骤与 II 型机箱中 CU 的安装步骤基本相同。HDC 中 CU 的安装步骤包括：在机箱后面设置 CU 槽位端接钮子开关和在机箱中安装 CU。在安装任何 CU 之前必须设定所有 CU 槽位的端接钮子开关。

CU 的操作方法已经在前面介绍过了，必须注意操作 CU 时带 EDS 腕带。

CU 安装执行下列步骤。

（1）设定 CU 槽位端接钮子开关。

（2）设定 IF 测试口输入/输出跳接块。

（3）在 CU 上安装选用的子卡（如果需要）。

（4）在机箱中装入 CU 板。

下面逐步进行介绍。

1）设定 CU 槽位端接钮子开关

在安装任何 CU 之前，必须设定在机箱后的所有 CU 槽位的端接开关，图 4.8 是机箱的后视图及开关的位置。

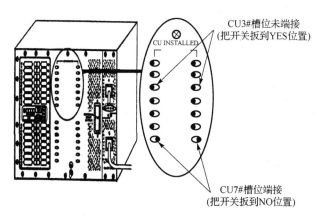

图 4.8　机箱的后视图及开关的位置

通常 TES 机箱发货时，工厂设定钮子开关在"YES"（未端接）位置上表示安装一个 CU。当在一个机箱中安装少于 14 个 CU 时，必须把所有未占用槽位的钮子开关改变到"NO"(端接)位置，而且每个 CU 槽位的发送和接收钮子开关都必须进行这种改变。

注意，"YES"位置标示此槽位安装了 CU 板，是对于有 CU 的槽位的不端接位置；"NO"位置标示此槽位是空的，是对于空 CU 的槽位的端接位置。

2)设定 IF 测试口输入/输出跳接块

在安装任何 CU 之前，要先证实一下 IF 测试口跳接块 W_2 和 W_3 是否在工厂设定的"A"上，这是端接位置。它使机箱后面的测试口不起作用，跳接块 W_2 和 W_3 位于机箱背板上，图 4.9 表示它们的位置。

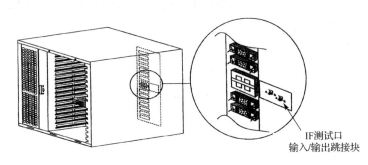

图 4.9　IF 测试口输入/输出跳接块的位置

3)在 CU 上安装选用的子卡

在安装任何 CU 之前，必须确定远端站配置中是否包括两个作为选件的子卡，它们是 FIM 和 ICM。FIM 和 ICM 均按背负方式安装在 CU 母板上，Ⅱ型 CU 和Ⅲ型 CU 的子卡安装过程在前面已经介绍过了，这里不再累述。

4)在机箱中装入 CU 板

在 HDC 中装入 CU 板的过程与在Ⅱ型机箱中装入 CU 板的过程基本相同，可以参考。

至此，可以进行 CU 接口和 IFL 电缆的连接。

4.4　TES 远端站接口特性

TES 远端站具有多种接口，包括电话接口、数据接口、调试接口、监控接口、继电器接口和卫星接口等。它们分别在 CU 板、RFM 板和机箱上[24]。

4.4.1　CU 板接口

CU 板接口图[25]如图 4.10 所示。

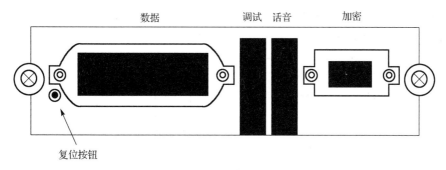

图 4.10　CU 板接口图

1.　电话接口

TES 系统支持 4 线 E&M 电话接口，也可通过外接转换器支持 4 线环路电话手机接口。电话接口如图 4.11 中 J4 所示。

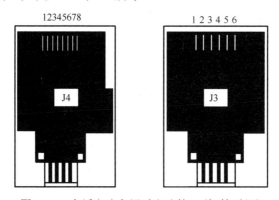

图 4.11　电话(J4)和调试(J3)接口(机箱后视)

(1)4 线接口。4 线 E&M 接口物理连接器是一个 8 针 8 线的 RJ-45 插座。8 个线头的分配如表 4.5 所示。

表 4.5　8 个线头的分配

线头号	1	2	3	4	5	6	7	8
信号	信号电池	M 线	Rx2	Tx2	Tx1	Rx1	E 线	信号地

通过 VCU 板上跳线器的设置可选择 1 型～5 型 4 线 E&M 接口之一。

(2) 2 线接口。通过一个外接转换器、标准的 2 线环路手机接口也可入网。

(3) 电话信令。信令系统是通信网的神经系统。电话系统也不例外,电话要接通,必须传递和交换必要的信令信息。信令具有三种功能:监视功能、选择功能和网络管理功能。信令的类型按信令工作区域划分为用户线信令和局间信令两类,它们反映了呼叫过程中的基本信号,如图 4.12 所示。

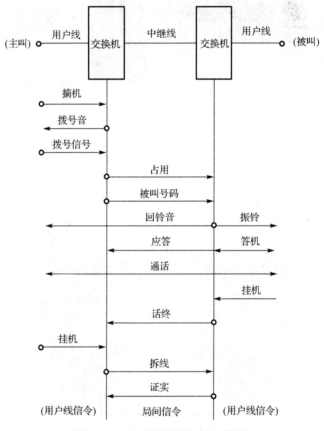

图 4.12　呼叫过程中的基本信号

一般后者较前者复杂,TES 的电话接口主要是针对局间信令设计的 4 线 E&M 型。接口对象是 PBX 和 CO 等。

1) 用户信令

电话用户要想能通话,每个用户必须安装用户设备(也称终端设备)。用户设备包括电话机、用户线和交换局终端设备。用户设备主要是电话机,在电话局必须有电话交换机。在电话机与电话交换机之间要有一段线路连通,这段线就叫用户线。

用户线信号是由用户设备发出的信号，这种信号是用户和交换机之间的联络信号，在用户线上传送。用户线信号包括：用户所发出的选择信号；用户的摘机和接机信号；电话局向电话机供电信号；电话局向主叫用户传送的各种可闻信号音，如拨号音、忙音、回铃音等；电话局向被叫用户传送的振铃信号等。

由于用户线信号的功能比较简单，而且用户线为每个用户独自使用，所以利用率很低。为了简化用户信号设备，得到简单和经济的效果，用户线信号的结构和传送方式不能太复杂，因此主叫和被叫发出的都是直流信号。

用户送给电话局的摘、接机信号是二状态的直流信号；拨号信号是直流脉冲或双音多频编码信号。

电话局送给用户的可闻信号是 450Hz 的音频信号；振铃信号是 25Hz 的次可闻信号。

当用户挂机时，在话机和交换局之间的用户环路断开，没有电流流过。当用户摘机时，用户环路闭合，有直流电流流过，即向话机供电。拨号的地址信息，如号盘话机，是送出的顺序的接机/摘机状态。

可以看出，用户线信号包括监视信号(占线、应答、前向拆线、后向拆线、接机/摘机状态信号)和选择信号(即被叫号码或被叫地址信息或路由信息)。前者是直流信号，后者是直流脉冲或双音多频信号。

2) 局间信令

局间信令是在局间中继线上传送的信令。局间信号是指市话局之间、长话局之间、市话局与长话局之间的局间中继线上所传送的信号。它们有局间直流信号标志方式、带内单频脉冲线路信号方式、多频计发器信号方式、局间中继数字型线路信号方式等。

局间信号按功能可以分为三类：监视信号(即线路信号)、选择信号(即路由信号或称计发器信号)和网络管理信号(即操作信号)。

在以机电制交换机为主的电话网中，局间信号主要采用随路信号方式，在以存储程序控制的交换机为主的电话网中，局间信号主要采用公共信道信号方式。随路信号方式是一种在接续的话路中传的各种所需的功能信号，包括监视信号和选择信号，如十进制脉冲信号的方式。而公共信道方式，是指信号与话路是分开的，将若干条电路的信号集中起来，在一条公共的数据链路上进行传送的方式。

TES 系统可以认为起局间中继线的作用，如图 4.13 所示。

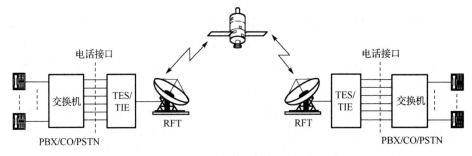

图 4.13　TES 系统作为地面局间中继线

　　按功能划分,局间信令又分为:线路信令(监视信令);计发器信令(地址信令);网管信令。其中线路信令和计发器信令是完成呼叫处理所必需的,而网管信令是程控交换机的功能。

　　TES 电话接口的线路信令是用 E&M 线头提供的,信令形式为直流线路信令。

　　TES 电路接口的计发器(地址)信令有多种选择,CU 支持双音多频(DTMF)信令音、RIMF 信令音和 E&M 线头的十进制信令的地址信令方案。除了地址信令,还有不同单音组成的控制信令,以向用户指明呼叫过程。

　　(1)DTMF 信令音的定义,如表 4.6 所示。

表 4.6　DTMF 信令音的定义

数字	频率 1/Hz	频率 2/Hz
1	697	1209
2	697	1336
3	697	1477
4	770	1209
5	770	1336
6	770	1477
7	852	1209
8	852	1336
9	852	1477
0	941	1209
*	941	1336
#	941	1477

　　(2)RIMF 信令音的定义,如表 4.7 所示。

表 4.7　RIMF 信令音的定义

数字	频率 1/Hz	频率 2/Hz
KP	1100	1700
1	700	900
2	700	1100
3	900	1100
4	700	1300
5	900	1300
6	1100	1300
7	700	1500
8	900	1500
9	1100	1500
0	1300	1500
ST	1500	1700
SPARE	700	1700
SPARE	900	1700
SPARE	1300	1700

(3)E&M 线头的十进制信令，如表 4.8 所示。

表 4.8　E&M 线头的十进制指令

信　号	标称	误差范围
脉冲数 Pulse	10pps(purse per second)	±1pps
脉冲有 Make	34%	±10%
脉冲无 Break	66%	±10%
数字时间间隔	600ms	150～1000ms

2. 数据接口

TES 系统的基带数据接口支持异步和同步的串行二进制数据通信。接口特性满足 EIA-RS-232 的要求。图 4.14 中 D 型 25 针接头(J1)是 TES 数据接口连接器示意图。

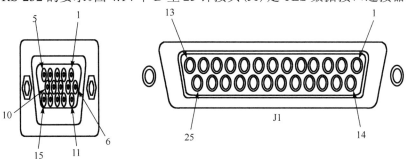

图 4.14　TES 加密和数据接口连接器示意图

图 4.15 是典型数据接口电路应用的示意图。其中，PC 为个人计算机。

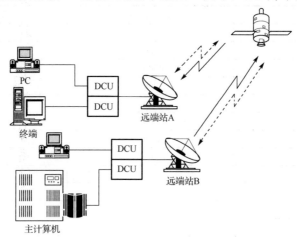

图 4.15　典型数据接口电路应用的示意图

下面介绍 TES 系统的数据接口。

数据接口有四方面的特征：机械特征、电气特征、功能特征和过程特征。TES RS-232 使用 25 线接口连接器 (ISO 2110)。图 4.16 给出了 RS-232 用户数据接口示意图。

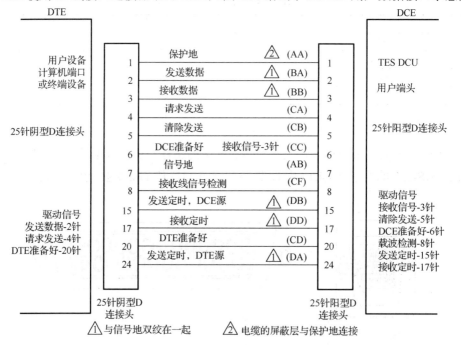

图 4.16　RS-232 用户数据接口示意图

在图 4.16 中并非每个信号在所有应用中都需要，由图可以看出 TES 系统只使用了 RS-232 接口的针中 12 条针脚。

1）异步数据接口

图 4.17 是 TES 系统异步工作的示意图。

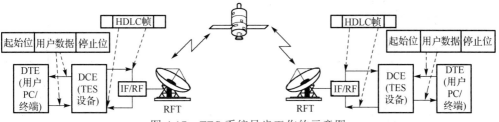

图 4.17　TES 系统异步工作的示意图

表 4.9 和表 4.10 定义了 TES 系统 DCU 支持的异步数据结构，并给出了 TES 支持的异步数据速率。

表 4.9　TES 系统 DCU 支持的异步数据结构（工作字结构）

字符长度/bit	起始位/bit	最大结束位/bit	偏差/%
8	1	1	±1.16
8	1	2	±1.16
7	1	2	±1.16

表 4.10　TES 支持的异步数据速率

信号速率/(Kbit/s)	允许的异步数据速率/(Kbit/s)
56	19.2、9.6、4.8、2.4、1.2、0.3
19.2	19.2、9.6、4.8、2.4、1.2、0.3
16	9.6、4.8、2.4、1.2、0.3
9.6	9.6、4.8、2.4、1.2、0.3
4.8	4.8、2.4、1.2、0.3

2）同步数据接口

同步传输所需要的时钟信号由 DCU 向 DTE 提供。表 4.11 是 TES 支持的同步数据速率。

表 4.11　TES 支持的同步数据速率

信号速率/(Kbit/s)	允许的同步数据速率/(Kbit/s)
64	64
19.2	19.2
16	16
9.6	9.6
4.8	4.8

3. 加密接口

每块 CU 板都提供一个加密接口，形式为同步 RS-232，外形为 15 针超小型 D 连接器。加密接口外形图如图 4.14 所示（第一个三排 15 针 D 型接口）。加密单元是一个可选配件，每个需要加密的 CU 都需要一个加密单元。表 4.12 给出了加密接口连接器的引脚分配定义。

表 4.12　加密接口连接器的引脚分配定义

RS-232 信号	线路	引脚	方向	接口
保护地	AA	1	NA	NA
发数据	BA	2	输出	透明
收数据	BB	3	输入	透明
发送请求	CA	4	输出	透明
清除已发送	CB	5	输入	透明
DCE 准备好	CC	6	输出	加密
信号地	AB	7	NA	NA
接收线	CF	8	输入	透明
发时钟(DTE 发)	DA	9	输出	透明
发数据	BA	10	输入	加密
收数据	BB	11	输出	加密
发送请求	CA	12	输入	加密
清除已发送	CB	13	输出	加密
接收线	CF	14	输出	加密
收时钟	DD	15	输出	加密

注：NA 表示空余

4. 调试接口

TES 系统调试接口用于计算机对 CU 进行参数设置、修改和调试。调试接口采用 RJ-11 连接头，它的外形图如图 4.11 中 J3 所示。TES 系统调试接口与计算机串行通信接口 RS-232 的连接示意图如图 4.18 所示。

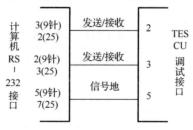

图 4.18　TES 系统调试接口与计算机串行通信接口 RS-232 的连接示意图

4.4.2　机箱接口

TES 远端站的机箱接口如图 4.19 所示。

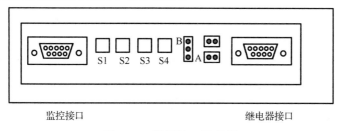

图 4.19　机箱接口示意图

1. 监控接口

该接口用于监视 RFT 的状态，并控制其动作。当 TES 系统不配置 MCU 时，无此功能。此时，该接口由 MCU 的基带数据接口担任。

2. 继电器接口

当 TES 远端站配置要求显示外部的、远程的、机箱中每个 CU 的状态时，需要继电器接口。每块 CU 板通过该接口向外部提供一个综合告警信号。继电器接口支持最大信号为 30V_{DC}/0.5A。

II 型机箱继电器接口为 15 针超小型 D 连接器；而 HDC 的继电器接口则为 50 针大 D 型连接器。II 型机箱和 HDC 继电器接口的外形图如图 4.20 所示。

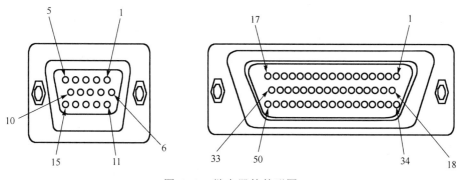

图 4.20　继电器的外形图

表 4.13 和表 4.14 给出了 II 型机箱和 HDC 继电器接口的引线定义。

表 4.13　Ⅱ型机箱继电器接口的引线定义

引线	信号	引线	信号
1	CU1 告警公共点	9	CU4 故障告警常闭触点
2	CU2 告警公共点	10	未连接
3	CU3 告警公共点	11	CU1 故障告警常开触点
4	CU4 告警公共点	12	CU2 故障告警常开触点
5	未连接	13	CU3 故障告警常开触点
6	CU1 故障告警常闭触点	14	CU4 故障告警常开触点
7	CU2 故障告警常闭触点	15	未连接
8	CU3 故障告警常闭触点		

表 4.14　HDC 继电器接口的引线定义

引线	信号	引线	信号
1	CU1 故障告警常开触点	26	风扇告警公共点
2	CU2 故障告警常开触点	27	未连接
3	CU3 故障告警常开触点	28	电源 1 故障告警常开触点
4	CU4 故障告警常开触点	29	电源 1 故障告警常闭触点
5	CU5 故障告警常开触点	30	电源 1 故障公共点
6	CU6 故障告警常开触点	31	电源 2 故障告警常开触点
7	CU7 故障告警常开触点	32	电源 2 故障告警常闭触点
8	CU8 故障告警常开触点	33	电源 2 故障公共点
9	CU9 故障告警常开触点	34	CU1 故障告警常闭触点
10	CU10 故障告警常开触点	35	CU2 故障告警常闭触点
11	CU11 故障告警常开触点	36	CU3 故障告警常闭触点
12	CU12 故障告警常开触点	37	CU4 故障告警常闭触点
13	CU13 故障告警常开触点	38	CU5 故障告警常闭触点
14	CU14 故障告警常开触点	39	CU6 故障告警常闭触点
15	未连接	40	CU7 故障告警常闭触点
16	$+5V_{DC}$	41	CU8 故障告警常闭触点
17	$+5V_{DC}$	42	CU9 故障告警常闭触点
18	告警公共点	43	CU10 故障告警常闭触点
19	告警公共点	44	CU11 故障告警常闭触点
20	告警公共点	45	CU12 故障告警常闭触点
21	告警公共点	46	CU13 故障告警常闭触点
22	告警公共点	47	CU14 故障告警常闭触点
23	未连接	48	未连接
24	风扇告警常开触点	49	地
25	风扇告警常闭触点	50	地

4.4.3　RFM 板接口

V2 TES 远端站与 EFDATA 型和 VITACOM 型 TES 远端站的主要不同点就是：在 V2 型 TES 远端站系统配置中含有一块 RFM 板，而 EFDATA 型和 VITACOM 型 TES 远端站系统配置中则没有这个模块；EFDATA 型和 VITACOM 型 TES 远端站机箱后面板上有两个刺刀螺母连接器(Bayonet Nut Connector，BNC)接头，为 70MHz IF 接口，一个用于发射，一个用于接收；而 V2 TES 远端站则多一个 IFL 接口，该接口用于与室外单元连接。因此，EFDATA 型和 VITACOM 型 TES 远端站室内单元与室外单元的连接是两根电缆；而 V2 TES 远端站室内单元与室外单元的连接则是一根电缆。

V2 TES 远端站 RFM 板接口如图 4.21 所示。

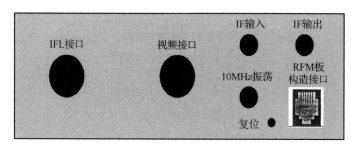

图 4.21　V2 TES 远端站 RFM 板接口

1. EFDTAT 型 TES 远端站机箱 IF 接口

在机箱后面板上有两个 BNC 接头，为 70MHz IF 接口，一个用于发射，一个用于接收。其性能如下。

(1)特性：70MHz 中频。

(2)频率范围：70±18MHz。

(3)阻抗：50Ω。

(4)输出电平变化(每天，全温度和全频率)：±0.5dB。

(5)输出频率稳定度：$1×10^{-6}$。

(6)输出回损：18dB IF 带内最小。

(7)带内杂散(固定)：−50dBc 最大。

(8)带内杂散(相对的)：−45dBc 最大。

(9)带外杂散：−40dBc 最大。

(10) 输入电平范围 (包括 AGC)：15dB。

(11) 输入电平混合：−18dBm 最大。

(12) 输入回损：18dB IF 带内最小。

2．V2 TES 远端站 RFM 板接口

(1) IFL 接口。用于将 IFL 电缆连接到 TES 远端站室内单元与室外单元设备上。

(2) 视频接口。接收卫星电视节目。

(3) IF 输入/输出。用于 EFDATA 型 TES 远端站室内单元与室外单元设备的连接。

(4) 10MHz 振荡。为 TES 远端站 ODU 提供频率基准。

(5) RFM 板构造接口。RFM 板构造接口与 CU 板的调试接口一样。TES 系统 RFM 板构造接口用于计算机对 RFM 板进行参数设置、修改和调试。构造接口采用 RJ-11 连接头，它的外形图如图 4.11 中 J3 所示。TES 系统 RFM 板构造接口与计算机串行通信接口 RS-232 的连接如图 4.22 所示。

图 4.22　TES 系统 RFM 板构造接口与计算机串行通信接口 RS-232 的连接

4.4.4　机箱电源和 RFE 电源接口

机箱电源输入和 RFE 电源输入如表 4.15 和表 4.16 所示。

表 4.15　机箱电源输入

输入	要求
电压	$100 \sim 130V_{AC}$
	$200 \sim 260V_{AC}$

表 4.16　RFE 电源输入

输入	要求
电压	$100 \sim 130V_{AC}$
	$200 \sim 260V_{AC}$

4.4.5　机架 IF 接口

每个机架单配一个 IF 分配单元。Ⅱ型机架支持 6 个 TES 标准机箱；高密度机架支持 4 个 HDC。IF 分配单元为机架上各机箱提供一个公共的 IF 接口与 RFT 相连。其性能与机箱 IF 接口相同，但要引入 10dB 的插入损耗。

4.4.6　连接头与针

本节主要介绍 TES 远端站配用的连接头和连接器。

1. 连接头

TES 远端站配用的连接头如表 4.17 所示。

表 4.17　TES 远端站配用的连接头

TES 远端站	机箱类型	说明
话音接口	所有	8 针 RJ-45 阳型连接头
调试接口	II 型	4 针阳型连接头
状态继电器	II 型	与 15 针 D 型连接头配对的插头连接头
	HDC	与 50 针 D 型连接头配对的插头连接头
IF 接口	所有	BNC 插头
机箱间连接接口	所有	两针跳接块
数据接口	所有	与 25 针 D 型连接头配对的插头连接头
状态和数据接口	所有	25 针 D 型连接头

2. 连接器

TES 远端站配用的连接器如表 4.18 所示。

表 4.18　TES 远端站配用的连接器

TES 远端站	机箱类型	说明
话音接口	所有	8 针 RJ-45 阴型连接头
调试接口	所有	6 针阴型连接头
状态继电器	II 型	15 针 D 型连接头
	HDC	50 针 D 型连接头
IF 接口	所有	BNC 安装插座
机箱间连接接口	所有	两针跳接块
数据接口	所有	25 针 D 型连接头

4.5　IFL 电缆

安装完天线、室外设备和室内设备，就开始安装 IFL 电缆[23]。

安装 IFL 电缆前先连接 IFL 电缆连接头。IFL 电缆连接头如图 4.23 所示。

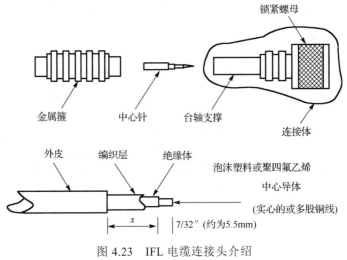

图 4.23　IFL 电缆连接头介绍

安装 IFL 电缆时执行下列步骤。

(1)确认 TES 室内设备电源是关着的，贴上标签以保证在电缆安装时，不会有人打开电源。

(2)测量从 RFT 设备到室内设备的电缆敷设长度(其长度要允许绕过障碍物，以及适合天线重新调整指向及室内设备的移动)。

(3)户外沿馈源支撑杆敷设电缆，靠近天线底部处要适当放松些，便于改变天线仰角和方位角。

(4)如果安装 EFDATA 型 TES 远端站，对第二根 IFL 电缆重复(1)～(3)步。

(5)将电缆整理好，用尼龙电缆带固定它们。

(6)在电缆的 RFT 端接上连接头，并要避免连接头的任何变形。

此时不要将 IFL 电缆与 RFT 相连。安装时坚决避免 IFL 电缆出现垂直拐弯，因为这可能会引起电缆永久性损坏。

(7)按场地要求敷设 IFL 电缆至室内设备，按需要的长度切断电缆。

如果电缆敷设的长度小于这种型号电缆的最小长度，将电缆按要求长度截断，绕起剩余部分。

(8)根据图 4.23 按下列步骤做室内单元端的电缆连接头。

① 电缆敷设之后，检查每端是否损坏，如果损坏了，则切掉被损坏的部分，切断电缆时要尽可能清洁和整齐。

② 用一个旋转剥皮器，让电缆端进入开口的旋转剥皮器的电缆圆筒内，紧紧握住电缆(紧顶至电缆止动塞)。压紧剥皮器并绕电缆旋转 2～3 次，直至外皮及绝缘层完全切掉。

③ 将金属箍和热缩管套在电缆上，用剥皮器或刀具小心地去掉电缆外皮和绝缘层，暴露出中心导体。用剃刀或小刀切开外皮，切至编织层，但不要切进编织层。

④ 检查编织层有无刻痕或破损，绝缘层端是否切得整齐，中心导体有无刻痕，是否平直。弯曲的中心导体可用光滑的尖嘴钳钳口小心地弄直，如果编织层、绝缘层或中心导体有可见的损坏痕迹，则电缆应该重新切，并重新剥皮。

⑤ 用笔尖挑开编织层并小心地梳开绞合线，从头到尾梳编织层直到外皮边。切去超出的编织层 1/4，这样整个编织层在连接头做完后，都在金属箍下不会露出来。

⑥ 用一个压接工具(HCT-231)，压接中心针，把中心针推进中心导体然后压接。如果中心针压接后发生弯曲，则要切断电缆，重新剥皮，再次做连接头。

⑦ 将电缆连接体放在电缆头上(在金属箔上，编织层下)，插入中心针直到绝缘层底端进入连接体，中心针必须与接地插口管筒边缘对准齐平，将编织层平放在连接体的支撑台轴上。

⑧ 将金属箍轻轻滑向连接体，越过台轴和编织层进入凹槽，金属箍要与连接体对齐，且中心针必须与连接体对齐。

⑨ 用压接工具将金属箍牢固地压接到位。注意在压接时，工具不碰到连接头的锁紧螺母。如果金属箍滑动，或者中心针位置不对，则剪断连接头，并从头做一遍。用一个热风机，将热缩管定位和缩紧，管子应放在能包住金属箍及连接体一部分的位置，将连接头朝上，然后从连接头这一端开始朝电缆端加热收缩。黏性物质必须从锁紧螺母处吹走。

当加热时，热缩管可能会移动，黏性物质也可能流动，要确保黏性物质不流到锁紧螺母上损坏连接头，并避免使电缆外皮和绝缘层过热。

(9)用一个欧姆表，测量刚与室内单元端电缆相连的 N 型连接头的中心导体与外导体间的电阻。此时电缆的 RFT 端不应连接。

① 握住电表的探针，一个探针接触中心导体，另一个接触连接体。

② 电阻值在数字表上应指示最大值，在模拟表上为无穷大。如果电阻为低值，应查出并纠正问题，检查问题出在连接头还是电缆。

(10)用一个欧姆表对每一根 IFL 电缆进行连通性测量，检查是否有断裂。

① 在室内单元电缆端的连接头上加适当短路器或钢夹，连接(短路)中心导体

与外层导体。注意，在 RFT 端不要使 IFL 电缆发生短路现象。

② 在电缆的 RFT 端测量连接头处中心与外层导体间的电阻，电阻应该小于 2Ω。

（11）从电缆的室内设备端移去短路器或钢夹把电缆线引到室内设备的 IFL 连接头附近。在室内设备后面空间太狭窄，电缆弯曲空间不足 3in（7.62cm），或者电缆必须穿过一个狭窄的墙壁孔等情况下，可使用一个美国休斯网络系统公司批准的 N 型弯头。但注意，绝不要在 IFL 电缆的 RFT 端安装弯头。

（12）连接 8ft（2.4384m）长 BNC-NC 电缆至每条 IFL。电缆走向需保证在离连接头 3in（7.62cm）之内电缆不弯曲。

（13）连接 BNC-NC 的另一端到 TES 设备 IF 接口上。

（14）室内设备（机箱）插上电源，但不要打开。

（15）在 IFL 电缆的 RFT 端测量 IFL 屏蔽与天线地之间的交流电压和电阻。

（16）连接 IFL 电缆到 RFT 室外设备。连接时保证离连接头 3in（7.62cm）之内电缆不弯曲。

（17）在现场入网开通、天线对准及连接都已成功地完成后，用防水密封材料包封连接头，对 RFT 端电缆进行防水保护。

4.6　环路连接头

入网开通过程中需要 TES 系统的 CU 的话音和数据接口用环路连接头。每个类型的环路连接头做两个[16]。其跳线连接如图 4.24 所示。

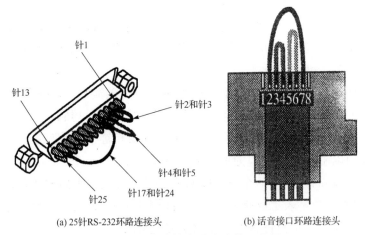

（a）25针RS-232环路连接头　　　　（b）话音接口环路连接头

图 4.24　环路连接头跳线连接示意图

在电缆连接完毕后，认真检查，开始进行入网开通。

第 5 章　TES 远端站室外单元安装

中国民航 TES 系统配备三种 ODU：EFDATA RFT-500、V2 和 VITACOM CT-2000[22]。

5.1　EFDATA RFT-500 ODU

EFDATA 型高功放是美国 Microwave 公司制造的专用于 C 波段卫星终端的设备。在中国民航 C 波段卫星通信网络中 TES 远端站采用 EFDATA RFT-500 型 ODU[21]。

EFDATA 型高功放特点如下。

(1) 工作频带为 36MHz（一个 C 波段转发器）。

(2) 在发送方向，将 52～88MHz 的中频信号变换到 C 波段上行射频频带（5925～6425MHz）内的某一转发器的工作频带上。

(3) 在接收方向，将 LNA 输出的 C 波段下行射频频带（3700～4200MHz）某一转发器工作频带内的信号变换到 52～88MHz 范围内的中频信号。

EFDATA 型高功放终端方框图如图 2.20 所示，其简化方框图如图 2.22 所示。

5.1.1　EFDATA RFT-500 性能指标

1. 接收特性

EFDATA RFT-500 ODU 设备的接收特性如表 5.1 所示。

表 5.1　EFDATA RFT-500 ODU 设备的接收特性

1dB 压缩点	+17dBm
日 Rx 频率稳定度	$\pm1\times10^{-8}$（23℃）
年 Rx 频率稳定度	$\pm1\times10^{-7}$（23℃）
带宽	70±18MHz（1dB BW）
频率稳定度	$\pm1\times10^{-8}$（-40～+55℃）
频率范围	3.620～4.200GHz，步进 2.5MHz
增益平坦度	±1.5dB/36MHz
群迟延	<500μs/50kHz，<2μs/36MHz
带内过载	0dBm 以下对设备无损伤
附加噪声	最大 0.9dB（65K）
Rx 衰减	-45dBc

续表

Rx 增益	85～100dB（衰减在 0～21dB 范围内可调）
Rx 温漂	$\pm1\times10^{-8}$，-40～$+55$℃时
Rx 频段噪声	100Hz 时，-60dBc/Hz
	1kHz 时，-70dBc/Hz
	10kHz 时，-75dBc/Hz
	100kHz 时，-80dBc/Hz
Rx 合成器锁定时间	<1s

2. 发射特性

EFDATA RFT-500 ODU 设备的发射特性如表 5.2 所示。

表 5.2　EFDATA RFT-500 ODU 设备的发射特性

年 Tx 频率稳定度	$\pm1\times10^{-8}$（23℃）
日 Tx 频率稳定度	$\pm1\times10^{-7}$（23℃）
频率范围	5.845～6.425GHz，步进 2.5MHz
增益平坦度	±1dB/36MHz
锁定期间	100Hz 时，-60dBc/Hz
Tx 频段噪声	1kHz 时，-70dBc/Hz
	10kHz 时，-75dBc/Hz
	100kHz 时，-80dBc/Hz
发射功率增益 20W	最大为 73dB，最小为 62dB
发射功率（1dB 压缩点）	最大输出功率+43dBm
发射功率增益（1dB 压缩点）	74dB
Tx 带宽	70±18MHz（1dB BW）
Tx 温漂	$\pm1\times10^{-8}$（-40～$+55$℃）
Tx 频率稳定度	$\pm1\times10^{-8}$（-40～$+55$℃）
Tx 频段噪声	-60dBc/Hz（100Hz）
	-70dBc/Hz（1kHz）
	-75dBc/Hz（10kHz）
	-80dBc/Hz（100kHz）
Tx 合成器锁定时间	<1s

3. 系统特性

EFDATA RFT-500 ODU 设备的系统特性如表 5.3 所示。

表 5.3　EFDATA RFT-500 ODU 设备的系统特性

电磁辐射		符合 FCC Part 15,J,class A
工作环境	温度	运行要求　−40～+55℃
		安全要求　−50～+75℃
	安全温差率	40℃/h，10℃/15min
	湿度	0～100%
	高度	运行要求：海拔 0～15000ft
		安全要求：海拔 0～50000ft
	静电负荷	运行要求 10kV，安全要求 15kV
	接地	用 AWG#10 导线与接地接线柱连接
	中频连接器	输入：阴型 TNC 接头；输出：阴型 TNC 接头
	中频阻抗	输入：50Ω；输出：50Ω
	中频输入 RTN 损耗	>14dB（在 70±10MHz 范围内）
	中频输出 RTN 损耗	<14dB（在 70±18MHz 范围内）
	功耗（20W）	300W
	主电源	90～230V_{AC}，47～63Hz
	射频连接器	输入：阴型 N 接头；输出：阴型 N 接头
	射频带外信号强度	<−15dBm/kHz
	安全可靠性	符合 UL、CSA、VDE、IEC 标准
	密封性	全天候

注：1ft = 0.3048m

5.1.2　EFDATA RFT-500 典型地球站

EFDATA RFT-500 典型地球站中频连接图如图 5.1 所示。

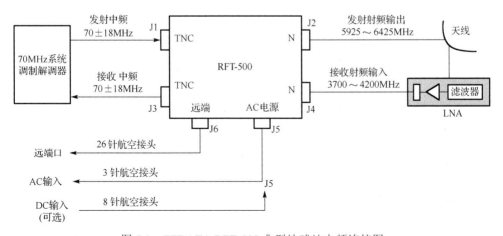

图 5.1　EFDATA RFT-500 典型地球站中频连接图

在发送方向，将 70MHz 调制解调器输出的 52～88MHz 的中频信号加到 RFT-500 的 J1 TNC 接头，经过 RFT-500 上变频器电路变换到 C 波段上行射频频带(5925～6425MHz)内的某一转发器的工作频带上，由其 J2 接口输出到天线；在接收方向，将 LNA 输出的 C 波段下行射频频带(3700～4200MHz)某一转发器工作频带内的信号加到 RFT-500 的 J4 接口，经过 RFT-500 下变频器电路变换到 52～88MHz 范围内的中频信号，由其 J3 接口输出到 70MHz 调制解调器。

远端口为 26 针航空接头，用于与计算机的通信端口相连接。通过软件对 RFT-500 进行参数设置。

电源采用 3 针航空接头作为 AC 输入。可以选择 DC 输入，但接头为 8 针航空接头。

1. 系统设备组成

EFDATA 型 TES 远端站的系统分为天线、室外单元和室内单元三大部分。每个部分由许多的组件构成，它们是室外天线系统，室外信号处理系统，室内、室外接口电缆，室内衰减单元，室内信号分配/集中单元，室内信号处理系统，天线驱动单元和信号转换器等。

EFDATA 型 TES 远端站的系统组成如表 5.4 所示。

表 5.4　EFDATA 型 TES 远端站的系统组成

单元名称	组件名称	规格型号	P/N 号
室外天线系统	双赋环焦反射系统	6.2m/4.5m	
	馈源系统		
室外信号处理系统	阻发滤波器		
	波导弯头		
	低噪声放大器	HUGES CLNA-65-50-N	1016772-0011
	变频、功放器	RFT-500、20W	1016772-0004
室内、室外接口电缆	Rx 同轴电缆		
	Tx 同轴电缆		
	RFT-500 电源电缆		
室内衰减单元	Rx 衰减器	50DR-003	
	Tx 衰减器	50DR-003	
室内信号分配/集中单元	Rx 分配器	ZFSC-6-1	1011783-0001
	Tx 集中器	ZFSC-6-1	1011783-0001
室内信号处理系统	机箱	HNS Phase II	1014542-0002
	CU	HNS Phase II	1013929-0002
	ICM	HNS Phase II	1015308-0001

续表

单元名称	组件名称	规格型号	P/N 号
天线驱动单元	电机驱动器	ADU	
	驱动控制器	ACU-04B	
信号转换器	SMT-201 机箱		
	用户盘		
	控制盘		
	E&M 盘		
	Tellabs 铃流发生器	8103	
	2/4 接口转换器	6131	
	FZS/E&M 转换器	6008A	

2. 设备框图

EFDATA 型 TES 远端站的设备框图如图 5.2 所示。

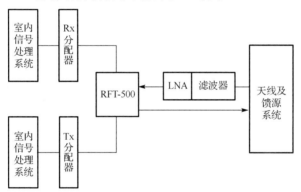

图 5.2　EFDATA 型 TES 远端站的设备框图

3. 信号流程图

EFDATA 型 TES 远端站的信号流程图如图 5.3 所示。

5.1.3　EFDATA 远端站调试

1. EFDATA TES 远端站发送/接收功率的调整

1)准备步骤

(1)设置 CU NVRAM 参数。

(2)确定默认的 L_{it} 和 L_{ir}(由网络控制系统管理员利用功率调试程序计算获得)。

① L_{ir} 定义为在 RFE IF 输出与 TES CU 输入之间的总的期望衰减值(dB),包括机箱内部分路器衰减、外部分路器衰减、IFL 衰减和衰减器衰耗。

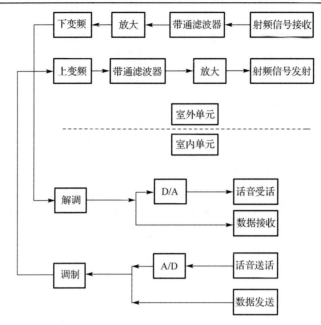

图 5.3　EFDATA 型 TES 远端站的信号流程图

② L_{it} 定义为 TES CU 输出与 RFE IF 输入之间总的期望衰减值(dB)，包括机箱内部合路器衰减、外部合路器衰减、IFL 衰减和衰减器衰耗。

(3)初步设置 PAD_{Tx} 和 PAD_{Rx} 默认值(默认发/收衰减器衰减值(dB))(暂未计入 IFL 损耗)。

① PAD_{Tx} 默认值=功率测试程序 L_{it}−(SUM_{INT} + SUM_{Tx})。

注意，SUM_{INT} 为内部合路器衰减；SUM_{Tx} 为外部合路器衰减。

把发送衰减器 PAD_{Tx} 设置为默认值，单位为 dB。转动衰减外圈选择步进为 10dB，内圈步进为 1dB。

② PAD_{Rx} 默认值=功率测试程序 L_{ir}−(DIV_{INT} + DIV_{Rx})。

注意，DIV_{INT} 为内部分路器衰减；DIV_{Rx} 为外部分路器衰减。

把接收衰减 PAD_{Rx} 设置为 PAD_{Rx} 默认值。

(4)对准天线并调整极化角使之达到有关指标要求。

2)测量和调整接收功率

(1)网络控制系统操作者从网络控制系统引导机箱发出 19.2Kbit/s，1/2 FEC，QPSK 的网控测试连续波(Continuous Wave，CW)信号。

(2)用频谱分析仪测量机箱的接收输入(CH_{Rx})。

① 用标准电缆连接频谱仪的输入端和 TES IF 分配面板接收信号端。

② 在频谱仪 CAL OUTPUT 连接头上加上一个 50Ω端接器。

③ TES IF 分配器的其他接收端接上假负载。

④ 如下设置频谱仪参数。

RES BW：1kHz；VBW：10Hz；AMP：50dB/DIV；SWP TIME：AUTO；SPAN：50kHz；频谱仪衰减值：10dB。

⑤ 测量网控信号的机箱接收电平，调整 Rx 衰减(PAD_{Rx})使之达到标准值(4信道机箱为-56dBm，HDC 为-50dBm)。

注意，频谱分析仪读数为：$(C+N)/N$dB，其中 C 表示载波功率，N 表示噪声功率。

3) 发送功率的调整

(1) 粗调发送功率。

调节 PAD_{Tx} 衰减器，将其值设定为 PAD_{Rx} 与 $PAD_{RxDefult} - PAD_{TxDefult}$ 值之差，即

$$PAD_{Tx} = PAD_{Rx} - (PAD_{RxDefult} - PAD_{TxDefult})$$

(2) 发送功率细调。

① 请求网络控制系统操作员为远端站建立一个 19.2Kbit/s 的本地环路异步数据链路。

② 链路建立后，把 PC 连接到链路占用的 CU 上，利用调试程序，键入"BREAK"使 CU 进入诊断模式。

③ 键入 MB 8010:6，OAC 使 CU 发射一个单载波。

④ 用频谱仪在机箱输出口 IF OUT 处测试发射电平CU_{Tx}(频谱仪设置与接收功率调整时相同)。

⑤ 确认测量所得 CH_{Tx} 等于计算的 $CH_{Tx}\pm0.5$dB。

计算 $CH_{Tx}=$网控站提供测试 Tx 功率$-$机箱衰减(4 槽机箱衰减为 6.5dB，HDC 为 12.5dB)。

注意，应把所有所用的分/合路器端口和机箱槽位都端接。

⑥ 用频谱仪在 SUM_{Tx}(外部合路器)输出端测量 Tx 电平。

⑦ 确认 SUM_{Tx} 输出电平测量值等于 CH_{Tx}(测量值)$-SUM_{Tx}$(计算值)：

$$SUM_{Tx}(计算值)=10\lg x+0.5，\quad x=端口数$$
$$\lg6=0.77815$$

⑧ 用频谱仪在 RFE 的中频输出端测量 IFL_{Tx} 电缆端的 Tx 电平，确定 IFL $LOSS_{Tx}$。

⑨ 计算 IFL LOSS$_{Tx}$：IFL LOSS$_{Tx}$=CH$_{Tx}$–SUM$_{Tx}$–PAD$_{Tx}$–IFL$_{Tx}$。

⑩ 记录测量的 L_{it}：L_{it}=CU$_{Tx}$–IFL$_{Tx}$。

⑪ 把 IFL$_{Tx}$ 电缆连回到 RFE IF IN，在馈源组件处断开 RF 发射输出电缆。

⑫ 频谱仪用一根标准电缆和一个 30W/20dB 的 RF 负载与 RF 发射输出电缆相连。

⑬ 测量发射信号功率，并记录 RFE$_{Tx}$ 值。

注意，测量电平时应考虑使用 RF 负载。

警告：不使用大功率 RF 负载会对频谱仪造成损害。

⑭ 计算 RFE$_{Tx}$GAIN=RFE$_{Tx}$–IFL$_{Tx}$。

⑮ 确认测量的 RFE$_{Tx}$GAIN 与工厂设置相差±5dB。

⑯ 保持第⑫步中频谱仪的连接，调整 PAD$_{Tx}$ 衰减器同时监测 Tx 功率，直至监测的 RFE$_{Tx}$ = EIRPes – G$_{Tx}$±2dB。

注意，EIRPes 和 G$_{Tx}$ 是从网络控制系统操作员得到的计算值。

⑰ 把在单载波模式的 CU 复位，并重新把 RF Tx 电缆连接到馈源组件，且密封好。

⑱ 确认 CU 可重新成功加载，试通电话效果良好。

2. EFDATA 工作状态读取

(1)将 RS-232 适配电缆的圆头接 ODU REMOTE 口，将 D 型接头接 PC。

(2)执行 CST-MC 软件。

(3)如下应答软件初始化设置。

```
EF DATA-System Monitor Program
Initial Setup
Use last values for program initialization (Yes or No): ? y
Monitor a (1) Redundant System or (2)Single RFT-1200:? 1
Enter RSU-503 address (1 to 255):? 1
Enter Communication Port to be used (COM1, COM2):? COM2
Enter communication Port Baud Rate (9600,4800,2400,1200,
        600,300):? 9600
Enter communication port parity (EVEN, ODD):? EV
If your computer is equipped with a Liquid Crystal
                Display (LCD) Enter 2,else Return:? 1
Ensure System is ON and connected to COM1.Hit <ENTER>to continue
```

（4）再按任意键后，软件将从 ODU 中读出当前设置和状态。

注意以下问题。

（1）OPERATING STATUS 挡应与给出值相符，否则请示网控是否修改。

（2）MAINTENANCE STATUS 读出值应介于给出值之间，否则应在网控帮助下采取适当措施。

（3）FAULT STATUS 挡正常均显示 OK，若有显示 OK*或 FLT 项，请立即报告网控。

3．EFDATA ODU 远端站测试步骤

EFDATA ODU 远端站测试步骤如下。

（1）将测试仪表连入系统。

（2）将各类参数设置到频谱仪。

测试连接如图 5.4～图 5.9 所示。

中频接收指标及频谱仪各类参数设置如表 5.5 和表 5.6 所示。

表 5.5　中频段各类信号接收指标

中频段信号名称	中心频率	标准值
本地单载波 ODU 输入信号	网控通知	−54.6dBm
本地单载波机分路器输出	网控通知	−61.5dBm
自环数据链调制信号 $(C+N)/N$ 值	网控通知	12.5±0.5dB

表 5.6　频谱仪参数设置

参数	设置值	
	Ⅰ 类	Ⅱ 类
分辨带宽（RES BW）	1kHz	1kHz
视频带宽（VID BW）	10Hz	10Hz
扫描速度（SWP）	AUTO	AUTO
幅度标尺（SCALE）	LOG,5dB/DIV	LOG,2dB/DIV
衰减值（ATTEN）	10dB	10dB
扫描带宽（SPAN）	30kHz	30kHz

注：Ⅰ 类参数用于中频段接收网控信标；Ⅱ 类参数用于中频段接收网控 OCC

射频段接收信号测量连接图如图 5.4 所示。注意，若不接隔直器，18V 的直流电压会损坏频谱仪。

LNA 与 ODU 正常连接图如图 5.5 所示。

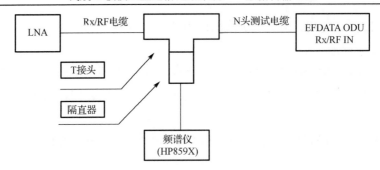

图 5.4 射频段接收信号测量连接图

图 5.5 LNA 与 ODU 正常连接图

EFDATA ODU 站中频段发信号(ODU 入口处)测量连接图如图 5.6 所示。

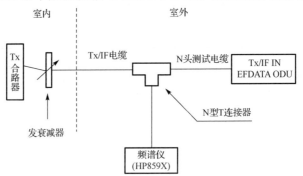

图 5.6 EFDATA ODU 站中频段发信号(ODU 入口处)测量连接图

EFDATA ODU 站 Tx 合路器与 ODU 正常连接图如图 5.7 所示。

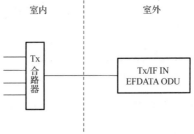

图 5.7 EFDATA ODU 站 Tx 合路器与 ODU 正常连接图

EFDATA ODU 站中频段收信号测量图如图 5.8 所示。

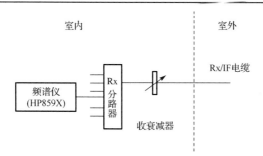

图 5.8　EFDATA ODU 站中频段收信号测量图

数据链路测量连接图如图 5.9 所示。

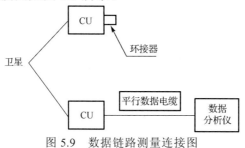

图 5.9　数据链路测量连接图

5.2　V2 型室外单元（ODU）

V2 型 ODU 是由美国休斯网络系统公司设计，中国台湾制造的配备 TES 系统的室外放大器单元[26]。

V2 型 ODU 终端简化方框图如图 2.21 所示。

5.2.1　V2 型 TES 远端站

1. V2 型 TES 远端站组成

V2 型 TES 远端站主要组成如图 5.10 所示。

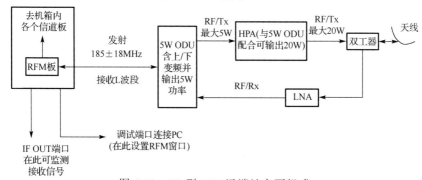

图 5.10　V2 型 TES 远端站主要组成

其特点如下。

(1) V2 型 ODU 与室内机箱中的 RFM 板配合完成下行射频到 70MHz 中频的变换。

(2) 通过 RFM 板的 Config 端口可利用微机设置 V2 型 ODU 的转发器频率窗口。从而确定送到 CU 板的中频频率。

(3) 按 CU 实际接收的频率设置 CU NVRAM 参数，使之能搜索并锁定 OCC。

2. V2 型 TES 远端站 RFM 板中频输出频率特性

V2 型 TES 远端站的 RFM 板上有一个中频输出 (IF OUT) 端口，IF OUT 输出的是 70MHz 中频，且不含直流成分，因此可以很方便地在此端口用频谱仪监测 TES 接收信号，如图 5.11 所示。

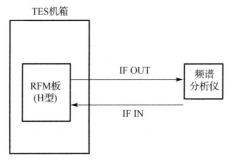

图 5.11　利用 V2 型 TES 远端站 IF OUT 端口监测接收信号

但 RFM IF OUT 端口输出的频谱是倒置的，在频谱仪上寻找 OCC 和其他载波信号时，要进行换算。换算方法为：实际频率=140MHz−频谱仪测量频率。掌握 IF OUT 端口输出信号的特点对 V2 型 TES 远端站的维护、故障诊断是非常有益的。

3. V2 型 TES 远端站系统设备组成

V2 型 TES 远端站系统设备组成如表 5.7 所示。

表 5.7　V2 型 TES 远端站系统设备组成

单元名称	组件名称	规格、型号	P/N 号
室外天线系统	双赋环焦反射系统	6.2m/4.5m	
	馈源系统		
室外信号处理系统	带阻滤波器		
	波导弯头		
	低噪声放大器	AC1125-60	1019095-0002
	变频、功放器	5W	1019095-0001
	驱动器	20W	

续表

单元名称		组件名称	规格、型号	P/N 号
室内、室外接口电缆		L 波段同轴电缆		
		ODU 电源电缆		
室内信号处理系统		机箱	HNS Phase II	1014542-0002
		RFM	HNS Phase II	1014108-0002
		CU	HNS Phase II	1013929-0002
		ICM	HNS Phase II	1015308-0001
信号转接器	SMT-201	机箱		
		用户盘		
		控制盘		
		E&M 盘		

4. 设备框图

V2 型 TES 远端站设备框图如图 5.12 所示。

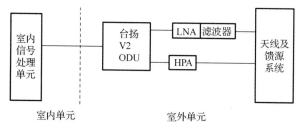

图 5.12　V2 型 TES 远端站设备框图

5. 信号流程图

V2 型 TES 远端站信号流程图如图 5.13 所示。

注意，使用 RFM 板中频系统的 CU 板应将 U121 芯片由 4DA3 改为 72E5，U43 芯片由 6D93 改为 DD23 或 DD22，芯片方向应据芯片和 IC 插座上的标记安装正确。

5.2.2　V2 型 TES 远端站参数设置

V2 型 TES 远端站参数设置有两种软件可以完成：一种是早期 DOS 环境下的软件；另外一种是近几年使用的 Windows 环境下的软件。下面分别针对这两款软件对 V2 型 TES 远端站参数设置进行说明。

1. DOS 环境下 V2 型 TES 远端站参数设置

DOS 环境下的软件必须在纯 DOS 环境下运行。

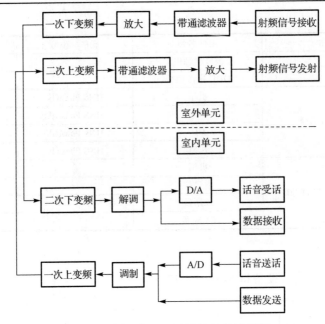

图 5.13　V2 型 TES 远端站信号流程图

1) 定义 RFM 板

DOS 环境下软件定义 RFM 板的步骤如下。

(1) 用 TES Configure 电缆把 PC 的串行通信端口与 RFM 板的构造 Config 端口连接。

(2) 在计算机上键入以下命令。

```
C：\cd HES
C：\HES>intro
```

进入数字输入单元(Digital Input Unit，DIU)构造编辑器主菜单，如图 5.14 所示。

(3) 在菜单中选择 D 项进入 RFM Configuration Editor。

屏幕出现：

```
CE.INI:COM info not found
Using COM1 for communications.
OK
```

注意：可以通过修改 CONFIG.INI 选择使用其他的通信端口。

计算机屏幕进入 ODU found 界面，如图 5.15 所示。该界面用于修改 RFM 板的构造参数。

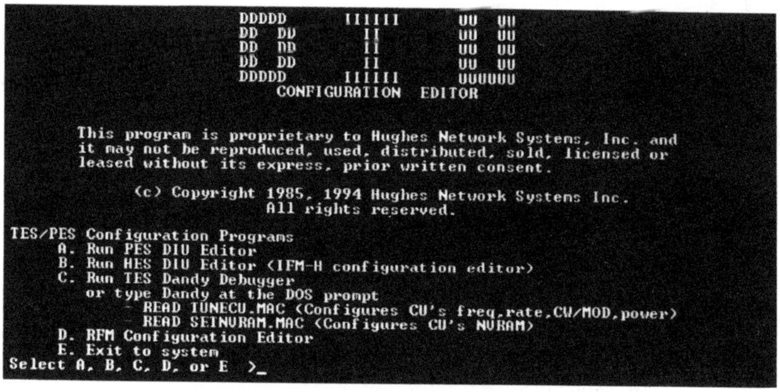

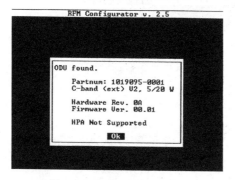

图 5.14　DIU 构造编辑器主菜单

图 5.15　ODU found 界面

（4）按回车键。

（5）选择 Hybrid Earth Station 并按回车键。

（6）按 Alt 键显示全屏幕，出现 RFM 主菜单屏幕，如图 5.16 所示。

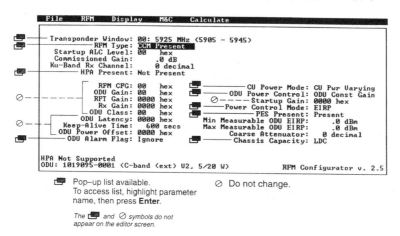

图 5.16　RFM 主菜单屏幕

(7)按 ALT+R 组合键之后按回车键，选择 Read from RFM 选项按回车键。

(8)将光标移至 Transponder Window:处，按回车键，屏幕右边出现需选择的射频频率窗口表，选择所选的窗口，按回车键。

(9)光标移至 KCM Present？处，按回车键，之后选择 not present，按回车键。

(10)执行以下步骤。

① 按 ALT+C 组合键，之后按回车键。

② 选择 Startup ALC Level and Commissioned Gain 选项并按回车键，下方出现一个小窗口，如图 5.17 所示。

图 5.17　RFM 计算窗口

③ 光标移至 Antenna Type 处，按回车键，左边出现天线类型选择表，光标移至 Input Gain Manually 处按回车键。

④ 光标移至 Antenna Gain 处，输入天线的发射增益值，按回车键。

⑤ 光标移至 EIRPes 处,输入当地的 EIRPes 值(该值各站需询问中央站得到),按回车键。

⑥ 将光标移至 Move Cursor-here-to see calculation results 处，可得到 Startup ALC 和 Commissioned Tx Gain 值，按 ALT+W 组合键。

(11)将光标移至 HPA Present 处按回车键，选择 not Present 选项并按回车键。

(12)将光标移至 ODU Alarm Flag 处按回车键，选择 ignore 选项并按回车键。

(13)将光标移至 CU Power Mode 处按回车键，选择 CU pwr varying 选项并按回车键。

(14)将光标移至 ODU Power Control 处按回车键，选择 ODU Const Gain 选项并按回车键。

(15)将光标移至 Power Control Mode 处按回车键,选择 EIRP 选项并按回车键。

(16)将光标移至 PES Present？处按回车键,选择 not Present 选项并按回车键。

(17)按 ALT+R 组合键，按回车键，选择 Write to RFM with Reset 选项并按回车键。

(18)按 ALT+W 组合键。

(19)按 ALT+E 组合键，按回车键选择 Quit，按回车键。

(20)出现主菜单后选择 A 项(Run PES DIU Editor)。

(21)选择 2(Model X000 Series (IFM) Mode)。

(22)输入 terminal 之后按回车键。

(23)在 Command：后输入以下命令。

```
A    F029  01
L
Z
```

(24)键入/之后按回车键退出。

(25)键入 exit 之后按回车键，软件回到主菜单窗口下。

2)定义 CU 板

定义 CU 板按照以下步骤进行。

(1)将 PC 串行口与 CU 板后的 Debug 口用 TES Config 电缆连接。

(2)找到 RFM 板定义中使用到的主菜单，在主菜单下选择 C(Run TES Dandy Debugger)。

执行以下命令。

```
01, 02>break
```

```
01, 02>read setnvram.mac
01, 02>\ setnvram
```

(3) 按照 CU NVRAM 参数表修改 NVRAM 中的参数，其中 OCC 的频率值为主站 OCC 的中频频率。

(4) 键入 0C0，修改 OCC 频偏差值。

(5) 键入 0D0。

(6) 键入 0，屏幕出现 Freg High Byte。

(7) 键入 XX(XX 为 00～FF 的十六进制数)。

屏幕出现 Freg Low Byte。

(8) 键入 YY(YY 为 00～FF 的十六进制数)。

将 $\dfrac{(\text{Offset OCC}) - 52\text{MHz}}{0.025\text{MHz}}$ 所得值换算成十六进制数即为 XXYY。

其中，Offset OCC = NCS OCC IF + NCSFC − RFMFC。NCS OCC IF 为网络控制系统站 OCC 中频频率；NCSFC 为网络控制系统站射频的中心频率；RFMFC 为此站 RFM 板中定义的射频中心频率。

(9) 键入 0C0。

(10) 键入 0E0。

(11) 键入：

```
01, 02>go offff:0
```

这样就完成了 RFM 和 CU 板参数的设置 Debug。

下面给出一个采用亚太一号卫星 11A 转发器的 RFM 板参数配置例子。

(1) 在 RFM 板配置编辑器(RFM Configuration Editor)中填写如下参数。

```
File    RFM    Display    Calculate      ALT= to toggle made
Transponder Window: 43: 6335 - 6375 MHz
KCM Present?: not present
Startup ALC Level: 16   hex
Commissioned Gain: 32.5 dB
KCM Rx Channel:   0 decimal
HPA Present: present


RFM CFG: 00   hex          CU Power Mode: CU pwr varying
ODU Gain: 00   hex          ODU Power Control: ODU const gain
RFT Gain: 0000 hex          Startup Gain: 0000 hex
Rx Gain: 0000 hex          Power Control Mode: EIRP
```

```
ODU Latency: 0000 hex       Min Measurable ODU EIRP: 00D5 hex
Keep-Alive Time:  600 secs  Max Measurable ODU EIRP: 01AE hex
ODU Power Offset: 0000 hex Ku Detector Range: 00 hex
ODU Alarm Flag: ignore

ODU: 1019095-0001(C-band(ext)V2,5/20 W)] RFM Configurator V.2.22
```

说明如下。

① HPA Present: present（ODU 发射端接 HPA）；no present（ODU 发射端不接 HPA）。

② Commisioned Gain: 31.5～34.5。

按 ALT+R 组合键，按回车键选择 Write to RFM with Reset 选项，按回车键。

按 ALT+W 组合键。

按 ALT+F 组合键，按回车键选择 Quit 选项，按回车键。

(2)使用命令行改写 F029 字节（表示 HPA 接入与否的代码）。

① 运行 HES 软件——PES DIU Editor。

② 选择 2：Model X000 Series（IFM）Mode。

③ 执行 Terminal 命令。

④ 在 Command: 后输入以下命令。

```
A F029  01（接 HPA）←┘
        00（未接 HPA）←┘
L←┘
Z←┘
```

PC 响应 NULL Response。

⑤ /←┘ 退出。

2. Windows 环境下 V2 型 TES 远端站参数设置

建立 RFM 设置文件，采用标准设置构造 RFM 板，其步骤如下。

(1)选择 RFM（Configure），如图 5.18 所示。

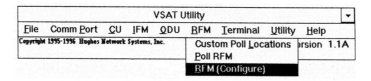

图 5.18　选择 RFM（Configure）

（2）单击 Presets 菜单，选择远端站类型和卫星使用的波段，如图 5.19 所示。

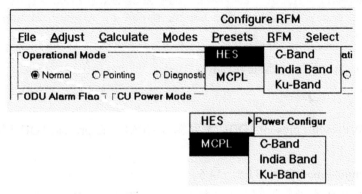

图 5.19　选择远端站类型和卫星使用的波段

（3）选择 HES 或者 MCPL（Multi-Channel Phone Link）和 C 波段、Ku 波段或者 India 波段，图 5.20 中圈住的是所要选择的 Preset Configuration：C-Band MCPL。

图 5.20 中黑色字的选项是可以改变的设置（需要设置）；灰色的选项是不能改变的。

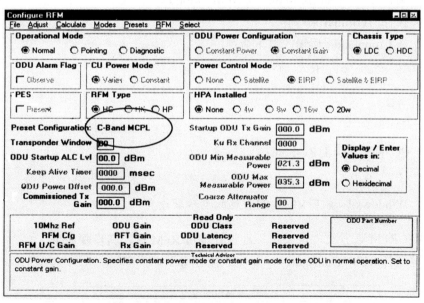

图 5.20　选择 HES 或 MCPL 以及波段

从图 5.20 中可以看出，设置机箱是一个低密度机箱"Chassis Type：LDC"。没有使用高功率放大器"HPA Installed：None"。

需要输入的选项有："Transponder Window""ODU Startup ALC Lvl""Commissioned Tx Gain"。

(4)选择 ODU，如图 5.21 所示。

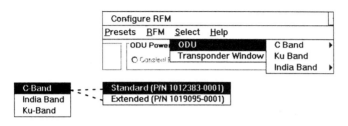

图 5.21　选择 ODU

(5)选择设备的部件号，如图 5.22 所示。

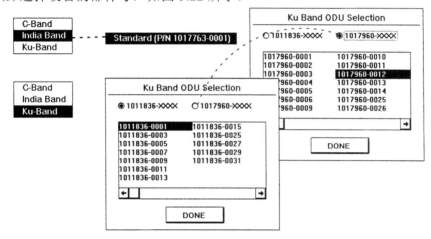

图 5.22　选择设备的部件号

可以选择的波段有：C 波段、Ku 波段和 India 波段。

当前选中的部件号为 1017960-××××。

(6)选择转发器窗口(Transponder Window)，如图 5.23 所示。

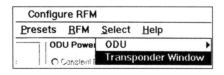

图 5.23　选择 Transponder Window

(7)选择 Transponder Window 后出现浮动窗口，显示各种 ODU 以供选择。

选择与网络控制系统上行频率相近的中心频率的 ODU，例如，C 波段网络控制系统上行频率为 6742MHz，而图 5.24 中最接近的频率值是 6745MHz，则选择它。

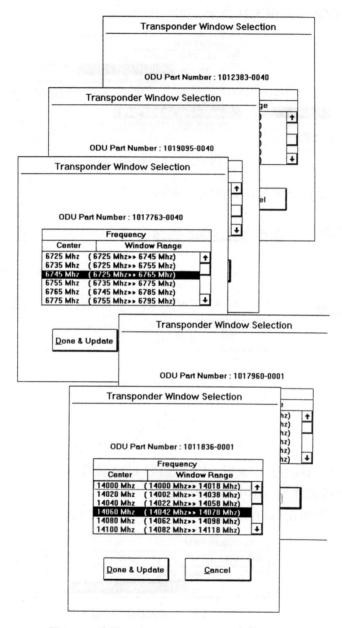

图 5.24　选择 Transponder Window 中的 ODU

(8)如果选择完 ODU 类型，则单击 Done&Update 按钮。

(9)选择机箱：高密度和低密度，如图 5.25 所示。

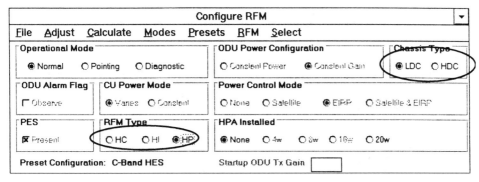

图 5.25　选择机箱

(10)选择的 RFM 类型应该与部件号相一致。

HC=1014887-003；HK=1014887-002；HP=1014887-004。

(11)如果使用的是混合站，则必须选中 PES；如果为 PhoneLink 站，则不需要选择 PES，如图 5.26 所示。

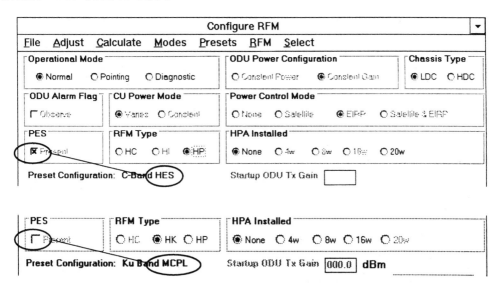

图 5.26　选择 PES

(12)如果使用了额外的 HPA，则必须选择它的瓦数，如图 5.27 所示。

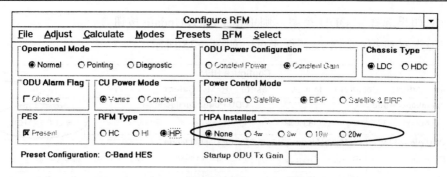

图 5.27　选择额外 HPA 的瓦数

(13)选择 Calculate 项中的 ODU Startup ALC Level，如图 5.28 所示。

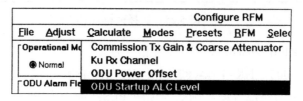

图 5.28　选择 Calculate 项中的 ODU Startup ALC Level

(14)选择 C 波段或 Ku 波段天线，输入 EIRPes 的值，如图 5.29 所示。

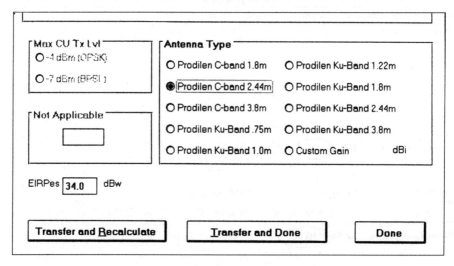

图 5.29　选择天线并输入 EIRPes 的值

(15)选中 ODU Startup ALC Lvl 项，单击 Transfer and Recalculate 按钮，则 ODU Startup ALC Lvl 的计算值显示在屏幕上，如图 5.30 所示。

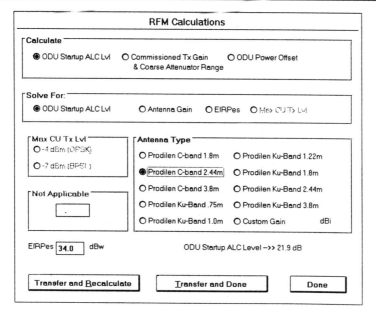

图 5.30　ODU Startup ALC Level 的计算值

(16)选中 Commissioned Tx Gain 项，单击 Transfer and Recalculate 按钮，则 Commissioned Tx Gain 的计算值显示在屏幕上，如图 5.31 所示。

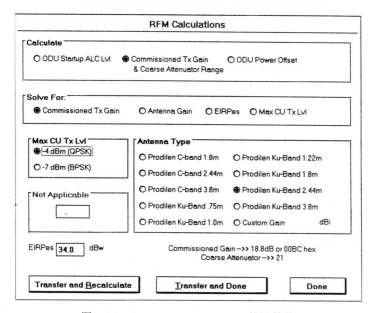

图 5.31　Commissioned Tx Gain 的计算值

计算完毕后，单击 Transfer and Done 按钮结束计算操作。到此为止，已经完成了一个 RFM 设置。在调试（commissioning）期间，Commissioned Gain 值要进行调整，以适应不同的设置。

（17）准备将 RFM 设置存为文件，选择 Save 选项，如图 5.32 所示。

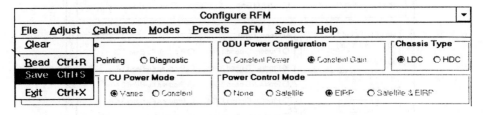

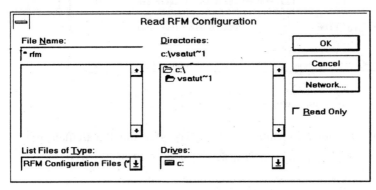

图 5.32　RFM 设置保存

选择一个路径，给定一个文件名将 RFM 设置保存到计算机中。该文件可以被调用来设置其他配置的 RFM，并可以在此文件的基础上修改 Commissioned Gain 值。

5.2.3　RFM 板运行

RFM 板运行状况主要由其 LED 显示代码表示。RFM 板运行状况 LED 显示代码分为如下几类。

（1）复位代码：在 RFM 板 RESET 后开始启动时显示几秒钟。

（2）7：表示 RFM 板 RESET 正常。

（3）其他不带点的数字：表示 RFM 板 RESET 错误，可重试 RESET RFM 板。

（4）带点数字：表示 RFM 板自检有硬件故障。

（5）运行代码：空白与 . 交替，表示 RFM 运行正常；空白与 0. 交替，表示 RFM 与 ODU 通信失败。

（6）告警代码：Λ 与带点字符交替表示 RFM、IFL、ODU 链路中有软件或硬件故障，报告网控协调处理。

（7）对星代码：I。

（8）诊断代码：d。

5.2.4　V2 型 TES 远端站调试

1.　EIRP 监控

EIRP 监控在 DOS 环境下的步骤如下。

```
01，02>READ MONEIRP.MAC←┘
01，02>/MONEIRP←┘
```

CU 板将大约每隔 10min 显示一条信息，当系统功率调整结束后 Delta Commission Gain 值将为 0000 或 FFFF。

如果没有变化，则应与网控站联系，说明情况。

2.　测试

1）V2 ODU 站收发系统的测试

V2 ODU 站收发系统的测试目的是通过调整 RFM 板的 Commission Gain 值，使得自环数据链调制信号载噪比达到要求值，实现发送、接收功率达到系统工作的最佳值。测试步骤如下。

（1）请网控主站基于两块空闲 CU 配置自环异步 19.2Kbit/s 数据链。

（2）在系统正常供电运行的状态下，将 TES 调试线一端接入 RFM 板 Config 接口，另一端接 PC 通信端口。

（3）检查并填写 RFM 板配置参数，并使其重新进入运行状态。

（4）将 TES 调试线一端接入第一块 DSE1 红灯亮的 CU 板 Debug 调试端口，另一端接 PC 的通信端口。

（5）监控 CU 板增益变化量，直至逐渐自动调整至 0，并与网控站联系，请网控站确认功率值是否合适，当网控站认可后，撤销 PC 与 RFM 板的连接。若功率调整过程发生异常情况，则请与网控站联系，协同处理。

（6）待两块 CU 板均显示 7 后向网控主站询问数据链占用的频点。

（7）将测试配件及仪表如图 5.33 接入系统。

（8）如表 5.6 的 I 类参数设置频谱仪参数，中心频率为网控通知的频点。

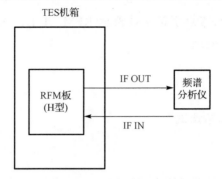

图 5.33　V2 型远端站中频段收发信号测量连接图

(9) 数据链调制信号载噪比应为 12.5±0.5dB。若调整结果不在此范围内，则调整 Commission Gain 后，重新执行 (2) ~ (9) 步。

(10) 请网控将网络配置恢复，将配置及测试设备、配件撤出系统。

2) 中频段接收 OCC 测试步骤

V2 ODU 站中频段接收 OCC 测试步骤如下。

(1) 如图 5.33 所示，测试仪表连入系统。

(2) 如表 5.6 所示，Ⅱ类参数设置频谱仪参数中心频率为 69.875MHz 或 69.985MHz。

3) 中频段接收网控信标测试步骤

V2 ODU 站中频段接收网控信标测试步骤如下。

(1) 如图 5.33 所示，将测试仪表接入系统。

(2) 如表 5.6 所示，Ⅰ类参数设置频谱仪参数中心频率以网控提供为准。

5.3　VITACOM CT-2000 ODU

VITACOM CT-2000 系列卫星收发信机是中国民航 C 波段卫星通信网络系统后续引进的 ODU 设备，它与原先使用的 EFDATA 型 ODU 相似[27]。下面就该种设备的技术说明、安装和操作进行简单介绍。

5.3.1　设备描述

VITACOM 公司设计的 C 波段 2000 系列卫星收发信机是用来为卫星通信网络提供低成本、高性能设备方案的。这些收发信机都设计有符合工业标准的 70MHz 中频接口，可连接各种商用的调制解调器。

此类收发信机可以在标准的 C 波段下工作，发射频率范围为 5925～6425MHz，接收频率范围为 3700～4200MHz。在工厂可以将设备设置为国际卫星组织指定的扩展频段，发射频率范围设在 5850～6425MHz，接收频率为 3625～4200MHz。也可在工厂将设备设置在扩展 India 频段，发射频率范围为 6725～7025MHz，接收频率为 4500～4800MHz。

此类收发信机由两件室外单元组成，即变频器/功放模块和 LNA。5W 和 10W 收发信机的变频器/功放单元外部安装尺寸相同，只不过 10W 收发信机在一侧配有一个较大的散热片。

收发信机提供一个 RS-232 本地监控终端接口，以便于用户直接监控收发信机。此接口供现场工程师在安装调试时使用。

VITACOM 型高功放终端简化方框图如图 2.22 所示。

下面对收发信机的总体以及部件模块的工作原理加以描述。

1. 频率方案

收发信机利用一个频率规划方案来解决如何从同一个振荡器完成发射和接收频率的信号转换。收发信机的设计使之接收一个以 70±18MHz 发射的调制解调器信号。这个 70MHz 的信号经两级上变频后，最后达到 5.925～6.425GHz 的频率。第一级上变频由一个工作频率为 1112.5MHz 的固定频率锁相环振荡器驱动。产生的中频信号范围是 1182.5±18MHz。

第二级上变频由一个频率覆盖范围为 4762.5～5222.5MHz 的频率合成器驱动。该频率综合器以 2.5MHz 的步进工作，以使得上变频输出可以以 2.5MHz 的步进覆盖 5925～6425MHz 频率范围。频率合成器的实际工作频率将由用户所租用的转发器的频带决定。在通常情况下，频率合成器被置于转发器的中心频率，对应调制解调器频率设置在 70MHz，从而使得调制解调器输出在不需要重新调整收发信机的频率综合器的情况下可覆盖整个 36MHz 转发器。

在接收端，收发信机被设计以 3700～4200MHz 接收来自 LNA 的信号。信号经两次下变频后使得输出频率达到 70MHz 中频。第一级下变频分享第二级上变频的频率综合器，并由其驱动。该频率综合器所设定的频率使得将转发器下行频率下变频至接收中频 1042±18MHz。

第二级下变频由一个频率为 1112.5MHz 的固定频率振荡器驱动，将 1042.5MHz 的中频信号转换成一个 70±18MHz 的接收输出中频信号。注意，这些频率仅适用于标准的频段；在扩展频段，上述频率将有些变化。

2. 上变频

上变频包括九个信号处理过程,将 70MHz 的输入信号转换成 5925~6425MHz 的输出信号。具体步骤如下。

(1)放大。信号由两个单片微波集成电路(Monolithic Microwave Integrated Circuit,MMIC)放大器进行放大,以在 70MHz 频段得到 24dB 的增益。MMIC 放大器可在整个输入频率范围内提供平稳的增益响应。

(2)第一级上变频。70MHz 信号由二极管混频器上变频至 1182.5MHz。混频器的固定频率本地振荡器(简称固定本振)功率为 1112.5MHz。

(3)放大。上变频之后紧接着一级 MMIC,以在 1182.5MHz 频段提供 11dB 的增益。

(4)滤波。滤波是为了去掉不需要的信号。在第一级上变频之后,一个通带为 1182.5±18MHz 的微带带通滤波器将杂散信号滤除。不需要的信号包括:通过混频器的 1112.5MHz 的本振泄漏和混频产生的镜像频率 1042.5MHz,以及信号混频过程产生的其他谐波信号。

(5)可变衰减器。在上变频器中有一个 MMIC 衰减器来控制因温度和频率所带来的增益变化。在模块的制造过程中,模块要在整个标称温度和频率范围内工作。MMIC 衰减器对在工作温度和频率范围内保持增益稳定的驱动电平进行测量和保存。然后这些驱动电平值下载至电可擦可编程只读存储器(Electrically Erasable Programmable Read-Only Memory,EEPROM)中,并在工作时由设备读出。

(6)放大器。可变衰减器之后接着一个 MMIC 放大器,以在 1182.5MHz 频段提供 11dB 的增益。

(7)低通滤波器。MMIC 放大器之后接着一个低通滤波器,它被设计用于滤除 1182.5MHz 信号的二次和三次谐波。

(8)第二级上变频。第二级上变频利用一个二极管混频器将 1182.5MHz 信号上变频至最后发射频段 5925~6425MHz。混频器由工作在 5GHz 范围内的频率综合器(简称频合器)驱动。

(9)放大器。第二级上变频之后接着一个 MMIC 放大器,它在 6GHz 发射频段提供 10dB 增益。

3. 功率放大器

功率放大器可以提供 5W/10W 的射频输出功率给天线馈源。它被设计来接收上变频器 5.925~6.425GHz 的输出信号,并且将该信号放大至所需的输出电平。

功率放大器包括多级放大器和 6GHz 带通滤波器。该带通滤波器用以衰减上变频过程中产生的所有杂波。MMIC 放大器用于各级低、中电平增益，这些 MMIC 放大器已在发射频率范围内匹配于 50Ω阻抗，并可提供单元与单元间的良好的参数一致性。

功率放大器安装在自身的机壳内，而该机壳直接安在收发信机箱内的一面箱壁上。这种安装方式可最大限度地将功率放大器的热量散发出来。

功率放大器中各级如下。

第一级：MMIC 增益级。

MMIC 增益级用于将功放输入放大 10dB。

第二级：微带滤波器。

第一级 MMIC 增益级之后接着一个微带滤波器，用于提供 5925～6425MHz 的通带。该滤波器用于滤除在第二上变频过程产生的所有杂散信号。

第三级：MMIC 增益级。

MMIC 增益级用于将带通滤波器输出信号放大 10dB。上述两级 MMIC 放大器均只需要一个正偏压供电。

第四级：中等功率 MMIC。

中等功率 MMIC 用于将低电平信号放大到大约 1/2W。该 MMIC 放大器提供的增益约为 20dB。

第五级：隔离器。

中等功率 MMIC 后接着一个隔离器用来向 MMIC 提供 50Ω负载，并向第一级功放提供 50Ω负载。

第六级：功放级。

5W 功率放大器内部实际使用一个 8W 的功放，而 10W 功率放大器内部实际使用一个 14W 的功放。使用较高功率的功放是为了补偿输出电路的损耗和保证在标称温度范围内能够提供额定输出功率。

第七级：功率检测器。

在功放的输出接着一个双二极管检测器，它用于测量收发信机的输出功率。功放的输出功率通过驱动其中一个二极管的定向耦合器耦合至二极管检测器。第二个二极管用于检测电路的温度补偿。

第八级：输出隔离器。

在功放的输出接有隔离器，来保证全部功率馈送至天线，并为功放提供不匹配时的保护。输出隔离器在功放模块的外面，但安放在收发信机的机壳内。

4. 下变频

收发信机包括一个两级下变频器，其用来接收来自 LNA 的信号，以及将有用的信号下变频为 70MHz 频带。两次下变频的目的在于提供更佳的滤波效果，除去不需要的信号，保证有用的信号不被其他信号干扰。

在两级下变频器中包含十个信号处理过程，将 3700～4200MHz 的输入信号转换成 70MHz 的输出信号。其具体过程如下。

(1) LNA 偏压产生。LNA 的输出信号即为下变频器的输入信号，LNA 的偏压是从 LNA 输出到下变频器输入时，同轴电缆的中心导体接收到的直流电压。下变频器通过微波电感将这一偏压加入电缆的中心导体上，该电感可防止射频信号进入电源中。

(2) 第一级下变频。第一级下变频使用一个 Gilbert 混频器将接收信号下变频至 1042.5MHz 的中间频率。该混频器由工作在 4762.5～5222.5MHz 的频合器驱动。

(3) 带通滤波器。混频器之后接着一个带通滤波器，使处在 1042.5±18MHz 的信号通过，而其他频率的信号将被滤波器阻止。

(4) 放大。带通滤波器之后接着一个 MMIC 放大器，以提供 11dB 的增益。

(5) 增益控制。一个可变增益的 MMIC 用于设置下变频器的增益以使其为特定值。EEPROM 查找表产生的值经 D/A 变换为模拟值后驱动增益控制 MMIC。

(6) 第二级下变频。放大器之后接着第二个 Gilbert 混频器，它用于将上述中间频率进一步下变频。混频器由工作于 112.5MHz 的固定本振驱动。下变频之后的信号频率范围为 70±18MHz。

(7) 低通滤波器。第二级下变频器之后接着一个低通滤波器，仅允许频率低于 88MHz 的信号通过，即滤除如 1112.5MHz 等本振泄漏信号。

(8) 放大。低通滤波器之后接着两级 MMIC 放大器，以提供 24dB 的增益。

(9) 阻抗匹配。两级 MMIC 放大器之后接着一个无源阻抗匹配电路，它用于在收发信机的接收输出端口提供 50Ω 阻抗。

(10) 低通滤波器。在阻抗匹配电路之后接着第二个低通滤波器，用于将不需要的信号滤除。

5. 频率发生

收发信机使用三个振荡器产生必要的信号以驱动上下变频过程。这三个振荡器分别是 10MHz 晶体受控参考振荡器、1112.5MHz 固定频率本地振荡器和工作在 5GHz 范围的频率综合器。下面对它们进行具体描述。

1）参考振荡器

参考振荡器是一个以 10MHz 工作的恒温晶体振荡器。这个器件为本振和频率综合器锁相环提供一个高稳定的频率参考信号。这个 10MHz 参考振荡器控制收发信机发射和接收频率的精度。高度精确与高度稳定的频率源对系统是非常重要的。否则收发信机就有可能发射错误的频率，干扰相邻卫星上的信号。频率偏差也会阻碍解调器获取所需要的接收信号。

为了控制参考振荡器的频率，就要严格控制其工作温度。通过在晶体振荡器周围包上由反馈环路控制的发热物质，而保持其恒定的温度。整个振荡器被热绝缘性能极好的发泡材料封闭起来使之与外界隔绝。发泡材料有两个优点：①它可以使晶体振荡器保持恒温，从而使整个设备获得高精度的输出频率；②它可提供与外界振动信号的隔绝，否则这些信号就会干扰输出信号。

参考振荡器输出一个 10MHz 信号，然后它被频率综合器上的功分器分路成为两路信号用以进行本振和频率综合器的锁相。

2）固定频率本地振荡器

固定频率本地振荡器工作于 1112.5MHz 的输出频率。它提供两个相同的输出，第一个驱动第一级上变频，第二个驱动第二级下变频。这两个输出是以 35dB 隔离器相互隔绝的，以防止发射信号与接收信号相互干扰。本地振荡器被锁相在 10MHz 参考信号以提供该信号的高度频率稳定度。然而，锁相电路的环路带宽保持相对狭窄，以保证当本振频率与载波频率相差大于 10kHz 时其相位噪声较低。

3）频率综合器

综合频率源工作于 4762.5～5222.5MHz 的频率范围。它提供两个相同的频率输出，第一个驱动第二级上变频，第二个驱动第一级下变频。频率综合器被锁相在 10MHz 参考信号，以提供较高的发射与接收信号的频率稳定度。

频率综合器先是在 1587.5～1740.833MHz 的基础频率范围内工作。频率综合器的输出端紧接着一个三倍频器，它将信号的最初频率倍增到最终输出频率。三倍频器的后面是一个带通滤波器，用以选择出三倍频器中的三倍频信号并滤除其他无用信号。

4）相位噪声

收发信机在设计上尽可能设法降低发射和接收信号的相位噪声。由于相位噪声会造成信号质量下降，所以降低相位噪声是十分重要的。信号质量下降可以造成数据误码，严重时还可使收发信机无法正常工作。

6. 电源

收发信机工作于 220/230V 交流电源下。交流电首先由整流电路变换为高压直流信号。该直流电再经 AC/DC 变换器转变为 19V 直流电压输出。

在收发信机中，19V 电压通过线性电源和开关电源的处理成为收发信机工作所需的各类电压。其中 15V 电压为微波振荡器和锁相电路提供稳定的电源。高功率的 10V 电源用于向功率放大器供电，与此同时有一个单独的负压电源用于向功率器件的偏压电路供电。其中的一个开关电源用于向射频增益器件提供 8V 电源。最后，另外一个开关电源用于向收发信机的数字逻辑电路提供 5V 电源。

7. LNA

LNA 提供接收信号的初级放大。它设计上可为接收信号提供典型的 50dB 的增益，而只对该信号产生最低限度的噪声。作为收发信机组成部分的 LNA，其标准噪声温度为 40K，但也有更低噪声温度的 LNA 可供选择。

LNA 的设计使之能够以一个 WR-229 波导输入口直接接在天线接收馈源波导口。这样直接安装保证了天线与 LNA 之间没有损耗，从而使系统的噪声温度降到最低值。

在 LNA 内部，通过波导输入口接收到的信号要经过一系列信号放大过程。这些放大过程利用 HEMT(High-Electron Mobility Transistors)器件来降低 LNA 的噪声值。

LNA 的输出端通过一个 N 型阴性连接器连接到变频器/功放模块射频输入信号电缆上。在此电缆芯线上由变频器/功放模块向 LNA 提供 15V 直流电。

5.3.2　技术指标

以下是适用于 VITACOM 公司 5W 及 10W CT-2000 系列收发信机的一般指标，这些技术指标可进行调整。以下的指标针对发射频段为 5925～6425MHz、接收频段为 3700～4200MHz 的 C 波段收发信机。

(1)发射中频输入指标如表 5.8 所示。

表 5.8　发射中频输入指标

频率范围	52～88MHz
连接器	N 型阴性
阻抗	50Ω(可选 50Ω)
驻波比	<1.50:1
1dB 压缩点输入电平	−30dBm 通常

（2）发射射频输出指标如表 5.9 所示。

表 5.9　发射射频输出指标

发射射频输出	相关条件	指标
频率范围		5925～6425MHz
带宽		36MHz
输出功率电平（1dB GCP）	5W 收发信机	+37dBm 最小值
	10W 收发信机	+40dBm 最小值
增益		52～67dB 可调（5W） 55～70dB 可调（10W）
增益平坦度		±1.5dB/36MHz
增益稳定度	−40～+50℃	±1.5dB
	24h 持续工作，恒温	±0.25dB
频率稳定度	−40～+50℃	$\pm 1\times 10^{-7}$
频率老化	每日	$\pm 2\times 10^{-8}$ 最大值
	每年	$\pm 1\times 10^{-7}$ 最大值
杂散输出	相关，额定功率时	−50dBc 最大值
	非相关	
	5W 收发信机	+13dBm 最大值
	10W 收发信机	+13dBm 最大值
额定功率时的谐波输出		−30dBc 最大值
三阶互调产物		−30dBc 2 tones④10dB OBO rel to 1 dB GCP −20dBc 2 tones④6dB OBO rel to 1dB GCP
输出连接器		N 型阴性
输出驻波比		1.5:1 最大值

（3）射频接收输入指标如表 5.10 所示。

表 5.10　射频接收输入指标

射频接收输入	指标
频率范围	3700～4200MHz
输入电平（来自 LNA）	−65dBm（通常）
输入阻抗	50Ω（通常）
连接器	N 型阴性
LNA 偏压	+15V（电缆芯线）

（4）中频接收输出指标如表 5.11 所示。

表 5.11　中频接收输出指标

中频接收输出	指标
频率范围	52～88MHz
中频带宽	36MHz
变频增益	40dB 最小值(无 LNA 时)
输出电平，1dB GCP	+10dBm 最小值
增益平坦度，36MHz	±2dB 最大值

(5)LNA 指标如表 5.12 所示。

表 5.12　LNA 指标

LNA	指标
频率范围	3700～4200MHz
噪声温度	40K(+25℃环境温度)
输入电平	−115dBm(通常)
输入阻抗	50Ω(通常)
LNA 输入连接器	WR-229 CPR-G
LNA 输出连接器	N 型阴性

(6)频率综合器适用于 6GHz 发射、4GHz 接收的指标，如表 5.13 所示。

表 5.13　频率综合器指标

频率综合器	相关条件	指标
步进		2.5MHz
相位噪声	频率偏移　0.1kHz	电平−60dBc/Hz
	频率偏移　1kHz	电平−70dBc/Hz
	频率偏移　10kHz	电平−80dBc/Hz
	频率偏移　100kHz	电平−90dBc/Hz
	频率偏移　100kHz	电平−100dBc/Hz
	符合国际卫星组织相位噪声建议	
温度频率稳定度		5×10^{-7}
年老化频率稳定度		5×10^{-7}

(7)监控系统指标如表 5.14 所示。

表 5.14　监控系统指标

监控系统	指标
信号电平	RS-232
终端仿真	VT-100
速率	9600 波特(baud)
数据	8 位数据，1 位停止位，无奇偶校验

(8)交流供电收发信机的输入信号指标如表 5.15 所示。

表 5.15 收发信机的输入信号指标

收发信机的输入信号	相关条件	指标
输入电压		230V±10%
输入频率		47～63Hz
输入功率	5W 收发信机	80W
	10W 收发信机	150W

(9)环境条件指标如表 5.16 所示。

表 5.16 环境条件指标

环境条件	指标
温度范围	−40～+50℃
湿度	100%，冷凝

5.3.3 设备安装

在安装操作之前必须了解 VITACOM 收发信机的各种信号的连接和完全了解有关安装的具体细节，方可开始安装[28]。

1. 交流电源

收发信机的交流电源在工厂已设置成 115V 供电型或 230V 供电型。用户不可以在现场调整交流电源供电电压类型。由于电源内部使用的是不同的模块，所以，一切有关电源方面的改动都要在工厂选用不同的电源模块来实现。

收发信机应该连接至一台 UPS 电源。交流线路上的电压起伏可造成客户数据传输的错误。在最严重的情况下，也可能损坏收发信机。收发信机还不应与任何可将噪声加入电源线路的其他用电设备共享同一个 UPS 电源。供电线路的噪声会造成数据传输的错误。

1)交流电源连接器

交流电源连接器将交流电接在收发信机上。该连接器是一个 5 针 Bendix 阳性连接器(航空插头)，触针的定义如表 5.17 所示。

2)交流电源电缆

收发信机应使用专用交流电源电缆与附近的交流电源相连接。这根电源电缆作为安装材料由 VITACOM 公司提供。标准的电源电缆的长度为 180in(15ft)。

表 5.17 交流电源连接器触针定义

针	连接
A	地
B	零线
C	零线
D	火线
E	火线

2. 信号连接

收发信机的信号连接,既需要与室内单元(调制解调器)相连,又要将收发信机与天线双工器波导口相连。

收发信机的设计是以 50Ω阻抗连接调制解调器的 70MHz 发射端口和接收端口的。为此有必要使用 50Ω阻抗的电缆和电缆头。收发信机 70MHz 发射和 70MHz 接收端口设计为 N 型连接器。

收发信机与天线发射端口相连的电缆传输 5925~6425MHz 频段的信号。收发信机的输出端使用一个 50Ω阻抗的 N 型阴性连接器。因此,收发信机与天线发射端口连接时必须使用 50Ω阻抗的电缆和连接器。

收发信机与天线接收端口相连的电缆传输 3700~4200MHz 频段的信号。收发信机的输入端使用一个 50Ω阻抗的 N 型阴性连接器。因此,将收发信机与天线接收端口连接时必须使用 50Ω阻抗的电缆和连接器。

1)调制解调器信号连接

将收发信机与调制解调器连接需要两个射频信号。表 5.18 是详细的连接方式。

表 5.18 详细的连接方式

连接器标签	连接器	信号方向
70 MHz Tx IN	N 型阴性	调制解调器发射输出
70 MHz Rx OUT	N 型阴性	调制解调器接收输入

(1)中频电缆。

对于连接调制解调器发射和接收端口的中频电缆,建议使用高质量的、双屏蔽的和100%屏蔽覆盖的电缆。此类电缆对于中频信号的衰耗比较低,具有良好的屏蔽外来干扰信号的性能。每 100ft 长的电缆其衰耗应不大于 1dB。

(2)70MHz 发射输入。

70MHz Tx IN 端口将调制解调器发射输出信号连接到收发信机的上变频器。

(3) 70MHz 发射电缆衰耗。

收发信机一端当接收到的调制解调器信号电平为-30dBm 时，收发信机应给出额定的输出功率。

(4) 调制解调器功率回退。

调制解调器设计上可以提供所需的信号电平以使收发信机在额定功率下运行。在几乎所有情况下，收发信机的运行都必须从其额定功率回退几 dB。回退值是由信号速率、调制方式、编码方式、发射天线尺寸、接收天线尺寸以及噪声温度和卫星信号辐射强度等因素决定的。

实际所需的功率电平是由系统设计的组成部分，即通过链路计算而得出的。因此，调制解调器的输出功率应该是以满足链路正常运行时的实际需要来设定的。

(5) 接收输出端连接。

"Rx OUT"连接器的设计用来连接收发信机的下变频器输出端到解调器的输入端。"Rx OUT"连接器的输出信号电平典型为-35dBm (电平会随某个特定的卫星站所处地的卫星辐射强度的不同而有所变化)。因此，根据不同的馈线长度，输送到解调器的信号电平将保持在-40~-35dBm。

2) 发射输出连接

收发信机的发射输出，工作于 5.925~6.425GHz，是从标有 Tx OUT 字样的连接器取得的。这个连接器是一个 N 型阴性插座，从此连接器得到的输出功率会因收发信机实际功率发射电平而变化，一般变化范围为 1/2~10W。

连接电缆作为安装材料的一部分提供给用户。电缆的长度根据所使用的天线不同而不同。如果用户没有购买安装材料，用户需要自备从收发信机的发射输出端到天线发射端口的电缆。

3) LNA 连接

收发信机上标有"LNA"的连接端口，是用来将 LNA 的输出信号接入收发信机下变频器的输入端口。LNA 的输出信号频率范围在 3700~4200MHz，信号电平一般为-65dBm。此连接也将直流电源通过电缆芯提供给 LNA。使用+15V 直流电压，LNA 可获得 125mA 的电流。

收发信机上 LNA 连接器是一个 N 型阴性插座。VITACOM 公司提供一根电缆作为安装材料的一部分，以将该端口与 LNA 的输出端连接。电缆的长度根据所使用的天线不同而不同。如果用户需要自备电缆，则需选用质量高、衰耗低的微波电缆，其衰耗不大于 0.2dB/ft。

特别注意，VITACOM 公司提供的 LNA 输出连接器是一个 N 型阴性连接头。因此，从收发信机接收输入端口到 LNA 的电缆两端都应带有 N 型阳性连接器。

3. 监控连接

为了对收发信机进行监控，首先需要完成监控电缆的连接，然后掌握不同的监控参数是如何进行配置的。

收发信机上标有 M&C 的端口是一个 RS-232 端口，设计用来进行本地连接一个终端或一个运行终端仿真软件的 PC。这个端口供现场工程师在安装或维护地面站时使用。

1) 监控端口

一台 VT100 终端或一个运行终端仿真软件的 PC 可以直接连接到收发信机上，提供对设备的监控。现场安装和维修工程人员在调测收发信机时要经常使用这个 RS-232 端口。该 RS-232 端口不宜通过长线连接到室内设备上，这是由于 RS-232 的不平衡信号模式，从设计上并不适合进行长距离信号传输。

2) 监控连接器的引脚

RS-232 连接端口在收发信机上标有 M&C 字样，配有一个 10 针 Bendix 阳性连接器(航空插座)。表 5.19 是该连接器的引脚定义。

表 5.19　监控连接器的引脚定义

引脚	功能
A	RS-232 发射数据
C	接地
E	RS-232 接收数据
K	接地

VITACOM 公司提供一条将监控端口连接到计算机或终端的电缆。该电缆的一端配有 Bendix 连接器，另一端是一个 9 针 D 型连接器，可以接到大多数标准 PC 的串行通信口上。

4. 发信机的安装固定

收发信机的重量约为 22.5lb[①]，因此在大多数情况下不适宜将它直接安装在天

---

① 1lb=0.453592kg。

线馈源上。收发信机一般安装在天线立柱上、馈源支架上(前馈天线)、高频箱内或天线反射面结构的背面。

收发信机应该尽量安装得接近馈源，以减少从收发信机至天线馈源之间的60Hz 信号的损耗。任何在电缆上的损耗将直接降低地面站的可发射功率。

最好将收发信机安装在背阴处，如天线反射面下，将为它提供一个有利的工作环境。

注意：收发信机外壳上不能涂抹其他颜色。收发信机出厂时喷有白漆，以最大限度地使设备散热。涂抹外壳会导致设备内部温度升高，产生故障甚至损坏设备失去保修服务。

在收发信机的每一端提供 4 个 1/4-20 安装孔用于安装收发信机。在每一侧还额外提供两个 1/4-20 的安装孔。这些安装孔允许多种收发信机的安装方法。不应在收发信机上另外钻孔，否则会损坏设备而失去保修服务。

VITACOM 公司可提供一种安装托架以方便收发信机的安装。安装托架可通过 U 型螺栓或直接固定在天线上。安装托架上提供各种各样的孔，因此托架可成为一种万能的托架。托架先固定在天线上，然后收发信机再固定在托架上。因此在装卸调整收发信机时不需要移动托架。

对于可选的收发信机的安装配件，同时提供了建议的安装次序。如果没有购买安装配件，则需遵守以下安装次序。

(1)确定收发信机的安装位置。

(2)将收发信机安装托架固定在天线上。

(3)将收发信机固定在托架上。

(4)连接所有的电缆至收发信机：交流电源、70MHz Tx IN、70MHz Rx OUT、监控电缆(用于安装)、功放输出、LNA。

(5)将电缆捆扎整齐到位。

5.3.4　设备操作

正确地操作收发信机是十分重要的，因为不正确的操作可能对其他卫星用户造成干扰，或造成收发信机自身的损坏。

1.　加电

在最初给收发信机加电时，要注意某些事项以确保收发信机不会以错误的频率发射，或者使收发信机发射了超高的信号电平。在刚刚加电时，应通过监控接口对收发信机进行监视。加电步骤如下。

(1)确保收发信机的安装和电缆的连接都正确。

(2)通过软件的控制,保证调制解调器发射输出信号是关闭的。

(3)给收发信机加交流电。

(4)确保频率综合器设定在正确的工作频率上。实际的发射和接收频率计算如下。

设定在收发信机上的发射频率可以在 5.925~6.425GHz 范围内。发射频率的设定是以调制解调器工作于 70MHz 的输出频率为前提的。例如,如果调制解调器设定在 70MHz,发射频率设在 6.175GHz,则发射频率就为 6.175GHz;如果调制解调器发射频率设在 60MHz,而收发信机发射频率设在 6.175GHz,则实际发射频率将比 6.175GHz 低 10MHz,即 6.165GHz。

在一般的安装中,收发信机的发射频率通常设定在转发器的中心频率上。这样,调制解调器可在 52~88MHz 的频率范围设定转发器上的实际发射信号频率。

收发信机的接收频率是由用于控制发射频率的同一个频率综合器控制的。因此,收发信机上的发射频率一经设定,接收频率也就自动设定了。

(5)将调制解调器输出功率设定在最小值。

(6)打开收发信机的功率放大器。

2. 设定工作电平

在打开收发信机并按照上述步骤操作后,增大调制解调器的输出功率直到收发信机达到其指定的发射功率。有三种操作方法可供选择。

(1)收发信机的输出功率由监控系统监控。增加调制解调器的输出功率直到收发信机的输出功率的监测值达到指定的电平。

(2)使用频谱仪,检测发射信号的载噪比。增加调制解调器的输出功率直到载噪比达到指定值。

(3)在卫星链路的另一端监视调制解调器的接收输出,增加本地调制解调器的输出功率直到远端调制解调器的接收 E_b/N_o 值达到指定位。

3. 关机

当收发信机开机后,其开机时的参数将由上一次操作时保存的配置而确定。因此,在关闭收发信机之前,应将所需要的工作参数保存在机内的存储器中。一旦正确的参数已保存，收发信机即可以安全地关闭了。要关闭收发信机，只需关掉交流电源，不需要在关机前关闭功率放大器。

5.3.5　本地监控

收发信机可以通过机上一个标有 M&C 的外置 RS-232 终端端口进行本地控制，运行终端模拟软件的终端或便携式 PC 可以直接连接在收发信机这个接口上。

在安装收发信机时或维修地面站的过程中，现场工程人员通常使用 RS-232 终端接口。该接口可以用于设置收发信机开机前的工作参数、检测设备的工作状态或进行地面站的维修。

1. 本地监控接口的设置

一个运行终端仿真程序的终端机或 PC 可以接到标有 M&C 字样的收发信机端口进行本地监控。终端仿真软件可为 Procomm（DOS 版）、Procomm Plus 或 Windows 95 中的 HyperTerminal（超级终端）程序。终端或 PC 的通信软件设置应按表 5.20 进行。

表 5.20　终端或 PC 的通信软件设置

参数	设置
仿真终端	DEC VT-100
速率	9600bit/s
数据位	8
停止位	1
奇偶校验	无
流量控制	关闭

用于监控端口的连接器是 10 针 Bendix 防水连接器。 VITACOM 可以提供用于连接终端机或便携式 PC COM 口的电缆。该电缆的一端为 10 针 Bendix 连接器（航空插头），另一端为标准的 9 针 D 型阴性连接器。

2. 终端显示

一旦终端或 PC 与监控端口连接完成，收发信机加电运行，会看到如图 5.34 所示内容。

注意，假如屏幕上仅显示一部分参数，可按回车键或 Ctrl+R 组合键使屏幕得以刷新。

首行：显示该软件的版权说明。

```
              Copyright 1997 Vitacom Corporation.  All Rights Reserved.
                  Vitacom CT2000 Transmit/Receive Radio Rev. 1.00
  (1)  Site Name          Vitacom
                                   Serial Number      ZZZZZ-45678-9ABC
  (2)  Device #           02       Poll Counter          0
  (3)  M&C Source    SPL           No Poll Counter       15415
  (4)  Local ControlEnabled        Monitor Points:   Value:    Status:    Hist:
  (5)  Receive Freq 3.9500GHz      (A)Fixed Freq. PLL LOCKED      GOOD       1
  (6)  Transmit Freq6.1750GHz      (B)Var. Freq. PLL  LOCKED      GOOD       1
  (7)  Power Amp         On        (C)PA Power        27.54dBm    GOOD       1
  (8)  ConfigurationUnsaved        (D)PA Temperature  39.875°C    GOOD       1
  (9)  System Type       2Watt     (E)LNA Current     125mA       GOOD       1
                                   (F)Summary Current 720mA       GOOD       1
                                   (G)Fan Current     18mA        FALULT    255

  (10) WG Switch Ctrl    Side A    WG Pos: (RX/TX)
  (11) Redundant Side    Inactive  Redundant Status   FAULT
  (12) Auto Mode         Enabled   Summary Status     FAULT
  (13) Limits
  (14) Power On Delay               Upconverter DTOA   2367
  (15) Password                     Downconverter DTOA 3151
  (16) Atten Up/Down 0dB/0dB

   Strike Number of Configuration Option to Change, ESC Key Aborts Selection.
```

图 5.34　参数显示

型号/软件版本：第二行显示收发信机的型号及监控卡软件的版本。

控制参数：显示中左侧各项编号（1～16）为控制参数，可由用户改动。主屏显示控制参数的当前值。选择控制参数的编号，用户可以输入新的数值。

监测参数：显示中右侧各项为监测参数，展示参数的当前值。监测参数 A～G 受到与该参数相关的上下限的限制，而这些上下限可以由用户改变。

3. 控制参数

如图 5.34 所示，每一项控制参数都有编号，为 1～16。在每个编号之后，显示一个对该控制参数的简短描述，其后是当前设置。任何控制参数均可改变，只需键入编号，再按回车键。

注意，这些参数只有在收发信机 Local Control 项被设置在 Enabled 状态时（如屏幕上控制参数#4 所示），才可改变。

（1）站点名称。

站点名称可以由用户输入。选择 1 并按回车键后，就可以输入一个不超过 25 个字母的站点名称了。

（2）设备号。

设备号是指在同步共用线上的收发信机的地址，任何 0～250 的数值均可被接纳。对于一个标准非备份的 5W 或 10W 收发信机而言，同步总线（Synchronized Public Line，SPL）地址通常设为 0。对于一个备份系统接口箱而言，主用收发信机的地址设在 0，备用收发信机的地址必须设在 1。注意，如果两个或更多地在同一条同步共用线上的设备单元具有相同的地址，则共用线的功能就会被暂时或永久地打断。选择 2 并按回车键后，输入所需同步共用线的地址，再按回车键。

（3）监控源。

监控源控制参数使用户能够在两个监控源之间作出选择，300 波特调制解调器或是存储设备管理系统（Storage Device Management System，SDMS）上的 SPL。无论选哪一个作为监控源，键入 3，按回车键。键入 1，便会显示一个用于 300 波特调制解调器的快捷方式，键入 2，用于 SDMS。键入选择后，再按回车键。

（4）本地控制。

当处于 Enabled 状态时，本地控制指令可使用户改变收发信机的参数。此时，每一个控制参数（1～16）都可以改变。如果用户想要在不处于 Enabled 状态时改变参数，则出现下面的提示：

> 本地控制禁止!

为了开启本地控制，输入 4，接着按回车键，然后选 1 并按回车键，则可以进行本地控制。

（5）接收频率。

接收频率控制参数使用户可以设定收发信机的工作频率。由于在收发信机内使用一个频率综合器（即单综），设定接收频率的同时也就设定了发射频率。发射频率将永远要比接收频率值高出 2225MHz。

选择接收频率，输入 5，按回车键。输入所需的接收频率，按回车键。因为频率综合器工作步进为 2.5MHz，所以接收频率必须是 2.5MHz 的倍数。软件将拒绝无效设置的频率值。

(6) 发射频率。

发射频率控制参数使用户可以设定收发信机的工作频率。由于收发信机使用一个共享的频率综合器，设定发射频率的同时也就设定了接收频率。接收频率将永远要比发射频率设置低 2225MHz。

选择发射频率，键入 6，按回车键。输入所需的发射频率，按回车键。因为频率综合器工作步进为 2.5MHz，所以发射频率必须是 2.5MHz 的倍数。软件将拒绝无效设置的频率值。

(7) 功率放大器。

功放控制参数使用户可以开、关功率放大器。注意，当功率放大器关闭时，此地面站将无法发射信号。这个参数通常只在进行地面站安装调试时才使用。

打开或关闭功率放大器时，选 7，按回车键。然后选 1 开启功率放大器，选 2 则关闭功率放大器，然后再按回车键。

(8) 配置。

配置参数项使收发信机当前的配置可以保存在非易失性存储器中，或从存储器中读取配置参数。

要保存收发信机当前的配置参数，选择 8，按回车键。然后选择 1，按回车键，以保存参数。参数一经保存，配置参数项 8 显示就会变为"Saved"。参数保存会一直持续到下次对收发信机的配置作出改动为止。当一个参数改动时，第 8 显示会变为"Unsaved"，并且此状态将一直保持到下一次进行参数保存为止。

要从非易失性存储器中转存一个已保存的配置，选择 8，按回车键。然后选择 2，按回车键，以转存一个被保存的配置。

注意，在收发信机刚开始加电时，收发信机总是处于本地控制被禁止的状态，但使用转存命令可使其重新恢复保存的状态。

(9) 系统类型。

系统类型控制使得用户可以选择安装在站点的收发信机类型，即 1W、2W、5W 或 10W。选择系统类型，键入 9，按回车键。然后分别选择 1、2、3 或 4，将系统类型分别设在 1W、2W、5W 或 10W，然后按回车键。

(10) WG 开关控制。

WG 开关控制命令使用户可以手动设定波导开关位置，即选择 A 或 B 通道。注意，这个命令只在收发信机为备份配置时才有意义。

设定波导开关位置在 A 或 B 通道，选择 10，按回车键。然后选择 1 即为 A 通道或 2 即为 B 通道，然后按回车键。

（11）备份通道。

备份通道控制命令用于备份系统接口箱(0RJB)，以确定 5W/10W 收发信机是 A 通道单元或是 B 通道单元。两个 5W/10W 收发信机中的一个必须设定为 A 通道单元。另外一个必须设定为 B 通道单元。对于非备份系统而言，备份通道项必须处于关闭状态。进入时，选择 11，按回车键。然后，选 1 即为 A 通道，2 为 B 通道，3 是关闭，然后按回车键。

（12）自动模式。

自动模式控制命令用于打开或关闭自动模式功能。在自动模式下，5W/10W 收发信机将按照行动控制字(action control byte)的定义对于一个特定的监测参数自动采取行动。在正常工作情况下，5W/10W 收发信机应总是处于自动模式下。选择时，键入 12，按回车键。接下来，键入 1 打开自动模式，2 关闭自动模式，然后按回车键。

（13）上下限。

上下限控制命令提供给用户两种使用监控参数的选择。第一种选择，用户可以选择将各参数上下限位恢复到出厂默认设置上。第二种选择，用户可以清除出错监控参数的历史记录，也就是说，将每个参数出错历史记录重置为零。

要转存出厂默认参数上下限位，键入 13，按回车键。然后，键入 1，按回车键。要删除过去的参数，键入 13，按回车键。然后键入 2，按回车键。

（14）加电延迟。

当收发信机刚刚加电时，功率放大器由微处理器控制处于关闭状态。加电预热使机内 10MHz 振荡器得以稳定，收发信机得以在合适的频率工作。特别在寒冷的气候条件下，有必要在发射之前使收发信机预热。加电延迟时间是收发信机加电后至功放自动开启之前所需的时间，以秒为单位。在此期间，第 7 项将显示"Delayed"，此项缺省值为 30s。

（15）口令。

该参数允许用户更改口令。缺省口令为"VITACOM"，字母大小写有区别。

（16）上下行衰减器。

本参数可以控制发射和接收增益的衰减器。每个衰减器的衰减范围为 0～15dB。

4. 监测参数

屏幕右侧显示一些用来监视收发信机目前工作状态的参数如图 5.34 所示，所有这些参数均为只读参数，因此，不能重设和更改。然而，由 A～G 排列的监视参数有与其相对应的上下限参数值，而这些限制范围是可以改变的。下面为终端屏幕所显示的监测参数。

(1) 序列号。

序列号参数显示的是监控板上的固化软件的序列号。该序列号在工厂生产时就分配和安装好了。如果软件升级了，则这个序列号也将改变。

(2) 查询统计。

查询统计监测参数显示室内监控单元对收发信机的查询次数。这些查询来自室内的调制解调器或来自 SDMS 控制器，这取决于每个地面站的设备配置。在正常工作状态下，查询计数应大约每一秒钟增加一个数值。

(3) 遗失查询。

当接收不到来自于室内监控单元的查询时，收发信机遗失查询计数数值会增加。在地面站的通常配置中，收发信机受调制解调器或 SDMS 的监测。如果在受到监测的情况下遗失查询计数数值增加，一定在地面站出现了某些故障使监测功能不能正常地进行。

其中 A～G 的七项监测参数显示当前收发信机的工作值，当前值在 Value 栏中显示。这七项监测参数都有与之相关的上、下限度。如果在上、下限范围内，Status 栏中则显示 Good。如果超出限制范围，则显示 Fault。

每个监测参数大约每一秒钟都会受到查询，数值、状态和历史栏每秒都在更新。如果参数的状态变为 Fault，则该参数的历史记录栏 Hist 的值将加 1。

因此通过 Hist 栏，可观察到各参数随时间的工作状况。正如前面提到的，可以通过控制参数器 13 项 "Limits" 清除 Hist 栏中的值。该栏的数值也可以通过重新开机清除。历史栏的最高值为 255，如果达到 255，计数器就会停止，直到原数值被清除。

(4) 改变上、下限。

收发信机在出厂时就预设了参数上、下限范围。在某些情况下，在安装或操作时有必要更改这些上、下限。例如，地面站的速率也许需要更改，这时需要更大的发射功率。这一变化就有可能需要改变功率放大器的监测参数的上限位。

注意，上、下限参数只是在地面站的工作状况需要改变时才需进行修改。不应该在已告警的地面站更改上、下限参数。此时，必须搞清楚告警的根本原因。

要改变某一监测参数的限制范围，键入相应该参数的序列字母，上、下限的当前值就会显示出来。选 1，按回车键，改变下限位。选 2，按回车键，改变上限位。然后，输入新的限度值，按回车键。

注意，限度值只有在收发信机本地控制为可执行状态时才可输入，而任何限度值的改变都应该保存到非易失性存储器中。

（5）W/G 位置。

W/G 位置是显示地面站发射和接收过程中波导切换开关的当前所在的位置。当波导开关处在"A"位置时，备份收发信机的"A"通道正在开通；处于"B"位置时，备份收发信机"B"通道正在开通。如果没有波导切换开关，则 W/G 位置显示"B/B"。

（6）备份状态。

备份状态监测参数用于显示收发信机处于备份切换下的工作状态。有下面四种显示。

① 对于非备份系统，没有数值（全部为虚线）显示出来。

② 当自动模式关闭时，将显示 AUTO MODE OFF，这将禁止自动备份切换。

③ 当收发信机没有任何控制备份切换的监测参数出现错误时，显示 Good。注意，ACB 位 1 需设得高一些，以确定是否某个监测参数会触发备份切换。

④ 当收发信机有一个或更多的控制备份切换的监测参数出现错误时，显示 Fault。

（7）状态汇总。

状态汇总监测参数显示当前收发信机状态汇总。有如下三种可能的显示。

① 当收发信机置于手动模式时，也就是自动模式关闭时，将显示 AUTO MODE OFF。

② 当收发信机没有任何监测参数出现错误时，将显示 Good。注意，ACB 位 2 需设得高一些，以确定是否某个监测参数会触发状态汇总错误。

③ 当收发信机有一个或更多的监测参数出现错误时，显示 Fault。

有一些重要的命令没有列入终端屏幕菜单。使用它们时，不需要按回车键，如下。

Control—r：更新终端屏幕显示。

r：更新终端屏幕显示。

R：更新终端屏幕显示。

Escape：放弃命令。

Tab：放弃命令。

5.3.6　系统连接

VITACOM 型高功放终端在 TES 远端站系统中的连接图如图 5.35 所示。

当进行 ODU 电缆连接时，必须准备相应的电缆和接头。一般在同一个 ODU

上的各种连接头类型并不相同，例如，接收和发射，以及电源、监控接头，所以安装时应该认真检查电缆和接头是否匹配，图 5.36 为 EFDATA 型 ODU 系统连接图。

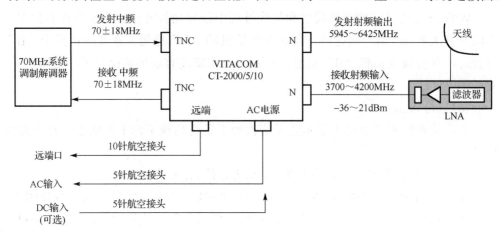

图 5.35　VITACOM 型高功放终端在 TES 远端站系统中的连接图

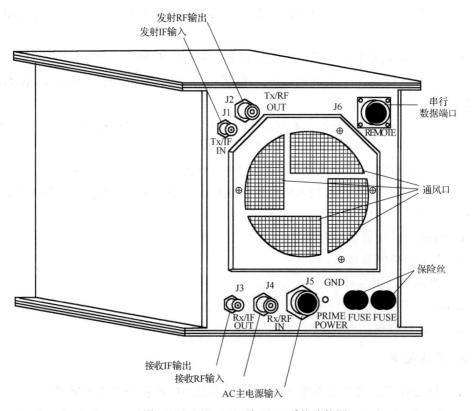

图 5.36　EFDATA 型 ODU 系统连接图

第 6 章 入 网 开 通

TES 远端站的入网开通是在所有设备安装和电缆连接完成后，仔细检查每一项工作，确认无误才可进行的。

入网开通意味着一个新的 TES 远端站开始服务，入网开通的工作包括以下内容。

(1)收集入网开通所需信息。

(2)确保现场有所需工具。

(3)设置 CU 的 NVRAM 参数。

(4)设置默认的 L_{it} 和 L_{ir}。

(5)对准天线并调整极化角。

(6)调整接收功率。

(7)下行加载 CU 软件。

(8)调整发送功率。

(9)测试远端站功能。

(10)远端站安装记录。

入网开通应具备以下条件。

(1)土建和物理安装已经完成。

(2)天线安装完毕。

(3)IFL 敷设完并且做好连接头。

(4)IDU/室内设备已安装。

(5)IDU 和 RFT 的供电准备好。

(6)设备正确接地。

(7)CU 板安装好并且后面板上的端接器和机箱间端接设置正确。

(8)用户基带接口电缆连接完。

(9)网络控制系统安装完成并调试好。

(10)网络控制系统正确配置了远端站所有参数。

入网开通过程需现场安装人员与网络操作员密切配合，这里提供的是一个标准化过程，可能与许多实际的工作存在区别。特别是在中国民航 C 波段卫星通信网络中有 EFDATA 型和 V2 型两种 TES 远端站，虽然它们在天线、馈源组件和

LNA 等硬件配置上相同，但在室内单元的配置和 IFL 电缆连接上有很大区别。因此，它们的参数设置有着比较大的区别，需特别注意。

6.1　入网开通准备

入网开通准备必须做好三件事：填写入网开通记录、收集所需信息和准备好所需工具及设备。

6.1.1　远端站入网开通记录

作为入网开通的开始，填写远端站入网开通记录表的第一、二部分，远端站入网开通记录表在本章最后，复制几份用于入网开通。

6.1.2　所需信息

许多入网开通信息从网络控制系统网络操作员处获得，并且在去远端站之前收集好，把实际入网开通数据记录在入网开通记录表上，这对远端站维护和故障查找也很有帮助。

1. 链路计算

所有需要的链路计算数据由网络控制系统操作员提供，在入网开通记录表上记录晴空余量和有效全向辐射功率（Effective Isotropic Radiated Power，EIRP）。

2. 功率计算数据

对每一种远端站，网络控制系统操作员都应有功率计算数据，功率计算所用的远端站参数要与 IllumiNET 的 Link Cfg 屏的数据一致。

这些参数应与在入网开通中测得的远端站参数相符。这样，当系统运行时，网络控制系统才能在呼叫请求的基础上设置合适的功率。入网开通过程的目的之一就是确认功率测试程序的数据与实际的远端站数据匹配。如果输入网络控制系统的数据与实际远端站参数不匹配，那么网络控制系统就不能在正确的电平上建立呼叫连接。另一个目的是证实地球站 Tx EIRPes 和性能指数 G/T 值达到了链路计算与功率测试程序中的值。

例如，如果网络控制系统有一个远端站配置为发射增益 71dB，而实际远端站增益为 58dB，则网络控制系统将不能正确地控制远端站的发射电平。

在功率测试程序正常运行之后，它将对每种远端站类型产生 4 个参数(EG，GI，L_{ir}，L_{it})，把这些值记录在入网开通记录表上。

下面是对这 4 个值的说明。

(1)EG：接收功率因子。EG 在安装前由功率测试程序计算，存在网络控制系统数据库中，并记录在远端站调查表中。这个值也作为参考记录在远端站入网开通记录表上。

(2)GI：发送功率因子。GI 在安装前由功率测试程序计算，存在网络控制系统数据库中，并记录在远端站调查表中。这个值也作为参考记录在远端站入网开通记录表上。

(3)L_{ir}：定义为在 RFE IF 输出与 TES CU 输入之间总的期望衰减值(dB)。这些衰减包括机箱内部分路器衰减、外部分路器衰减、IFL 衰减和衰减器衰耗。在入网开通期间，这些衰减值将被测量出来，并加上附加的衰减值以达到合适的 L_{ir} 值。在远端站入网开通记录表上记录下这个值。

(4)L_{it}：定义为在 TES CU 输出与 RFE IF 输入之间总的期望衰减值(dB)。这些衰减包括机箱内部合路器衰减、外部合路器衰减、IFL 衰减和衰减器衰耗。在入网开通期间，这些衰减值将被测量出来，并加上附加的衰减值以达到合适的 L_{it} 值。在远端站入网开通记录表上记录下这个值。

下面解释在入网开通过程中所用的其他关键参数/变量。

(1)OCC 频率：此值用于确定 CU 的 NVRAM 参数，这个参数用于 CU 定位 OCC。从网络控制系统操作员处得到这个数据并将其记录在远端站入网开通记录表的第三部分中。

(2)ICC 初始发送功率：这个参数用于 CU 确定在请求下载时的 CU 发送电平。

(3)Tx 发送音频电平：VCU 输入的最大音频电平。这个电平代表高于此点 3dB 的音频输入信号将被限幅。对于多数 CU，这个电平是−16dBm；对于多数 PBX，这个值是−2dBm。这个值应是音频电平的峰值，平均音频电平可能低于此值 10dB。

(4)Rx 接收音频电平：VCU 输出的最大音频电平。这个电平比 VCU 能产生的最大信号电平低 3dB。对于多数 CU，这个电平是 7dBm；对于多数 PBX，这个值是−2dBm。这个值应是音频电平的峰值，平均音频电平可能低于此值 10dB。

通过 TES 的音频信号增益如下：

$$\text{TES 音频增益(dB)} = \text{Rx 音频电平} - \text{Tx 音频电平}$$

(5)测试电路频率：在进行入网开通时要有一个包括两个频率的频率池，从网络控制系统操作员处得到这些频率并将它们记录在远端站入网开通记录表第二部分中。

注意，有必要记下测试频率的 RF(GHz)和 IF(MHz)两种频率，以备入网开通使用。

3. RFT 设备数据

从网络控制系统操作员处得到下列关于 RFE 和天线的数据，在入网开通期间将需要这些资料，以正确地使天线对准及确定合适的 RFE 增益。

4. RFE Tx 和 Rx 增益

美国休斯网络系统公司 RFE 设备是检验过的，其发射增益(RFE Tx)和接收增益(RFE Rx)在设备启运与安装前，已在工厂设定了。网络控制系统功率测试软件对于在远端站安装的 RFE 假设一个增益值。入网开通过程将证实在功率测试软件上用的增益与远端站的实际增益是相同的或在容差范围内。在离开网络控制系统去远端站之前应确定远端站的额定功率。

美国休斯网络系统公司 RFT 工厂设置的增益值参见表 6.1，如果所需 RFT 不在表中，请向美国休斯网络系统公司的程序管理员咨询。

表 6.1　美国休斯网络系统公司 RFT 工厂设置的增益值

频率	额定功率	Tx 增益±2dB	Rx 增益±2dB
C 波段	3.4W	66.3dB	95dB
	5W	68dB	95dB
	10W	71dB	95dB
	10W	74dB	95dB

注意，所要求的 RFE Tx 和 Rx 增益，假设是在地球站 G/T、卫星 EIRP、卫星 G/T 和天线增益都是正确情况下得到的。入网开通过程中，初始化过程的核心集中在 IFL 衰减和 RFE 增益上，如果这些参数中任一个被怀疑是不正确的，必须停下来，进行核实才能继续进行入网开通。

5. RFT 波导

从网络控制系统操作员那里得到要安装在远端站的波导类型，如果 RFT 配置要求从 RFE RF OUT 到馈源喇叭口之间的接口是可弯曲的或者是刚性的波导，则需要合适的波导适配器以完成所要求的测试连接。对于 C 波段和 Ku 波段波导有不同的适配器。

6. 天线对准

从网络控制系统操作员那里得到天线指向参数，并将其记录在远端站入网开通记录表的第三部分中。天线指向参数有天线方位角、天线仰角、馈源组件的极化角 (porlang)。

7. 远端站配置

要求网络控制系统操作员提供一份远端站机箱和 CU 的配置数据，需要这些数据在入网开通时正确配置 CU。

8. OCC 偏移频率

当网络控制系统和远端站有不同的中心频率时，则要求有 OCC 偏移频率。使用亚太一号时，有偏移频率，鑫诺一号则没有。如果需要，必须计算出 OCC 偏移频率，并记录在远端站入网开通记录表中，以备 CU NVRAM 入网开通之用。OCC 偏移频率由网络控制系统 RFT 中心频率减去远端站 RFT 中心频率得到，在远端站入网开通记录表中要记录这三个值，如下式：

网络控制系统 RFT 中心频率(MHz)–远端站 RFT 中心频率(MHz)

= OCC 偏移频率(MHz)

有必要了解每一种类型远端站的 OCC 偏移频率，这样可提供远端站之间 CU 的互换性。

如果 RFT 不能调节频率与网络控制系统 RFT 中心频率相匹配,则在 NVRAM 中定义一个特定的偏移频率，通过 CU 搜索 OCC 的功能来补偿。所有远端站的每一块 CU 都要写入 OCC 偏移频率。如果远端站 RFT 频率合成器设置与网络控制系统 RFT 频率合成器不一样，则需要 OCC 偏移频率，否则不需要。

6.1.3　工具和设备

执行入网开通过程中除了所需的工具和设备，还需要一些软件。这些软件用于设置参数和调试。美国休斯网络系统公司提供的软件有两种：DOS 版本和 Windows 95 版本。

DOS 版本提供的宏指令如表 6.2 所示。

Windows 95 版本软件为 VSAT Utility 1.11。

表 6.2　DOS 版本提供的宏指令

代码名称	说明
Dandy.bat	Dandy 启动
Bug.exe	Dandy 调试工具
Setnvram.mac	CU NVRAM 启动
Base.mac	模块启动
Prgsynth.mac	频率合成器编程
Macro.lib	Macro.lib
Diagop.loc	II 型符号 CU ROM CKSUM=AF51
LatLong	配置编辑器

6.1.4　通信配合

入网开通时，在测试过程中如何保持通信，将决定网络操作员使用哪种引导机箱配置，以及在远端站如何配置机箱 ID 开关。

通过配置机箱 ID 开关，通信信道可由 VCU 和电话机建立，也可以由 VCU 和测试设备建立，还可以使用单独的通信信道而不使用 TES。有三种引导机箱的配置专门适合于各种可能的通信信道。在去远端站前确认将使用哪种通信信道，并确保网络控制系统已使引导机箱处于可用状态。

TES 系统数据库中三种引导机箱的 ID 和它们的特点列于下面。

(1)EEEE：机箱中所有 CU 全配置为 LCU，当 TES 远端站和网络控制系统之间不需要通信时使用。

(2)EEEC&EEED：机箱中只有两块 VCU，其余 CU 均配置成 LCU，当使用 TES 远端站和 2 线电话通信时使用该 ID。

(3)EEEA&EEEB：机箱中只有两块 VCU，其余 CU 均配置成 LCU，当使用 TES 远端站和 4 线电话通信时使用该 ID。

准备工作对于入网开通成功与否十分重要，必须保证每项工作充分认真，确保正确，各项参数是否比较可靠、合理。最后的检查工作也要仔细。

6.2　装载 CU 非易失性随机存储器

远端站入网开通的第一步包括最初给 CU 加电和设置 NVRAM 参数。在对 CU 进行入网开通之前，应保证网络控制系统操作员已对远端站设备(机架、机箱和 CU 等)进行了配置。以后 CU 应设置为维修状态。

6.2.1 给 CU 加电

执行下列步骤给 CU 加电。

(1)确保 Tx IF 和 Rx IF 电缆未与机箱连接。

(2)根据上述引导机箱配置来改变机箱背后的机箱地址设置,并与网络控制系统中的设置取得一致。

(3)将机箱电源开关(位于面板上)置于 ON 位置,给机箱加电。

CU 加电后,就准备装载 NVRAM。NVRAM 给 CU 提供配置和远端站特定参数,使它能够定位 OCC 和从网络控制系统接收下载操作码。

与用作 CCU 的 CU NVRAM 的数据有所不同,远端站的 CU 应按同样方式设置以保持其互换性。

NVRAM 数据输入使用美国休斯网络系统公司提供的专用软件,该软件有两种版本:DOS 版本和 Windows 版本。下面分别就这两种软件设置 CU NVRAM 参数进行说明。

6.2.2 DOS 版本软件给 CU 装载 NVRAM

美国休斯网络系统公司提供的 DOS 版本软件已经升级了多次,但没有太大的改变。注意,该 DOS 版本软件的运行环境和计算机基本配置,采用配置过高的计算机可能会带来意想不到的结果。

DOS 版本软件给 CU 装载 NVRAM 数据的步骤如下。

(1)保证 CU 已加电。

(2)用调试电缆连接 PC 到 CU 的调试口。

(3)给 PC 加电并输入下列命令启动调试程序。

```
C:\>DANDY
CP9000 Series II Debugger, V3.75
…
TARGET 01, 02, IS NOW RUNNING
01, 02>
```

(4)使 CU 进入中断状态,输入下列命令。

```
01, 02>break
```

(5)当 CU 在调试状态中时,发光二极管显示对角线上的竖条跳来跳去。

如果 CU 没在调试状态,键入下列命令。

```
01，02>break
```

(6) 从软盘上读出启动宏指令。

```
01，02>read setnvram.mac
＊＊＊ERROR•••MARCO NOT DEFINED
```

(7) 启动 NVRAM 宏指令。

```
01，02>/Setnvram
         0   1   2   3   4   5   6   7   8   9   A   B   C   D   E   F
7000:  0003 030 F0 8C 00 00 03 CC 1F 01 00 0D 0E 01 46 30
       SELECT AN OPTION:
       0E0  EXIT                                （退出）
       0D0  Search frequency options            （捕捉频率选项）
       0C0  Calculate checksum                  （计算校验）
       hex  NVRAM  offset to modify             （修改 NVRAM 编程）
```

(8) 对照表 6.3 中的值来检查当前值（工厂设置）。

(9) 改变一字节，输入字节号和值（从 A 到 F 开头的值，前面加 0）。

```
3
01 …
New value: 00
00…
```

注意，如果远端站 RFT 频率合成器的设置与网络控制系统 RFT 频率合成器的设置不一样，则需要输入 OCC 偏移频率。

(10) 如果需要 OCC 偏移频率，首先在表 6.3 所示 6、7 字节处输入 OCC 的计算值。

```
_ 0D0
0E0 EXIT
0D0 CU parameters
0C0 Calculate checksum
hex NVRAM  offset to modify
```

(11) 通过 0D0 命令输入偏移频率。

在下面这个例子中，当网络控制系统的 OCC 频率＝76.3MHz 时，远端站中心频率偏移 5MHz，即在 71.3MHz 接收到。

如下设置 NVRAM 第 6、7 字节：

$$OCC = \frac{76.3\text{MHz} - 52\text{MHz}}{0.0025\text{MHz}} = 9720_{10} = 25\text{F8H} = \overset{6\quad 7}{\text{F8}\quad 25}$$

（字节翻转）

式中，0.0025MHz 是频率合成器的步长，称为频长。

远端 OCC 频率偏移（0D0）

5MHz 偏移 76.3 − 5＝71.3

$$\frac{71.3\text{MHz} - 52\text{MHz}}{0.0025\text{MHz}} = 7720_{10} = 1\text{E28H}$$

（不翻转）

由此可知：频率偏移的高字节为 1E，频率偏移的低字节为 28。

表 6.3　CU NVRAM 数据

字节	描述
0,1	NVRAM 校验和，用 0C0 命令计算
2	保持 8C（十六进制），不要改变
3	00 在自检后转到工作状态（默认） 01 在自检后转到调试状态
4	00 远端站 CU（VCU、DCU 或 MCU）（默认） 01CCU 02 时分多址（TDMA） 03 二进制异步通信（BSC）
5	外向控制信道数据速率 01 4800bit/s 02 9600bit/s 03 19200bit/s（默认） 04 16000bit/s 05 32000bit/s 06 56000bit/s 07 64000bit/s 下列波特率只用于 CCU： 99 4800bit/s 0BB 9600bit/s 0CC 19200bit/s（默认） 44 300bit/s 66 1200bit/s 88 2400bit/s

续表

字节	描述
6,7	外向控制信道频率（如 76.3MHz） 计算十进制值：$\dfrac{76.3\text{MHz} - 52\text{MHz}}{0.0025\text{MHz}} = 9720$ 换算成十六进制： 如 $(9720)_{10} = 25\text{F8H}$ 字节 6 是低位，字节 7 是高位： 如，字节 6=0F8，字节 7=25
8	OCC 前向纠错率 01 1/2 编码率（默认） 02 3/4 编码率 00 1 编码率
9	OCC 调制方式 00 QPSK（默认） 01 BPSK
0B	该值是 OCC 频率的扫描范围，并乘以 10 05 50kHz（C 波段） 1E 300kHz（Ku 波段）
0C	打开自动电平控制（ALC） 00 禁止 01 使能
0D	CU 第一次通过 ICC 发送时的功率（电平以后自动调整）范围从 28～A0（40～160₁₀），46 = 默认值

OCC

Offset	0	1	2	3
7000	005B	1E28	0000	0000

注：在下一字节中可以输入不止一个频偏，但在没有使用频偏的字节位置必须设为 0。

(12)如果进行了任何改变，键入下列命令。

   _ 0C0

(13)退出键入下列命令。

   _ 0E0

(14)让 CU 进入工作状态键入下列命令。

   01，02>go 0FFFF: 0

或按 CU 复位按钮。

(15)清除缓冲器输入下列命令。

```
01, 02>Clear
```

（16）在远端站对每一个机箱中的每一块 CU 板重复这个过程。

6.2.3　Windows 版本软件介绍

国内最新的 Windows 版本的软件为 VSAT Utility Release 1.1B，它的安装盘为三张 3.5 寸高密度软盘。

1．软件安装

在 Windows 95 中单击 Start 按钮，选择 Run 选项执行第一张盘中的 Setup.exe 文件，开始安装。第一张盘安装完毕，程序会提示放入第二张盘和第三张盘。

软件默认安装到路径 C：\VSAT~1\下。如果安装成功，则计算机屏幕会显示：

```
VSAT Utility Setup was completed successfully
```

2．运行 VSAT Utility 软件

有两种方法执行 VSAT Utility 软件。

（1）在 Windows 95 中单击 Start 按钮，选择 Programs 中的 VSAT Utility，执行 VSAT Utility 软件。

（2）在 Windows 95 中，利用程序管理器（Program Manager）查找 VSAT Utility 软件图标，然后双击它便可运行 VSAT Utility 软件。

运行 VSAT Utility 软件方法如图 6.1 所示。

图 6.1　运行 VSAT Utility 软件

3．连接计算机

在 TES 远端站 CU 上有一个 RJ-11 调试接口。通过一根调试电缆将计算机通信接口与 CU 的调试接口连接起来。CU 的调试接口和接口引脚已经在第 4 章中介绍过了。

4. 选择通信端口

运行 VSAT Utility 软件后，从软件主界面中选择 Comm Port 选项，单击此选项进入通信端口设置，如图 6.2 所示。

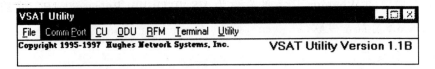

图 6.2　通信端口选择界面

根据图 6.3 提供的四个通信端口设置，选择使用的端口。单击 Save 按钮将选择设置成为当前默认通信端口。单击 Done 按钮确认这次通信使用该端口。

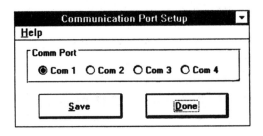

图 6.3　通信端口选择

6.2.4　Windows 环境下 CU2 装载 NVRAM

CU 构造分为 CU2 和 CU3 两种。

1. CU2 NVRAM 装载

CU2 NVRAM 装载分为下列步骤。

1) 选择 CU2 类型

运行 VSAT Utility 软件后，从软件主界面中选择 CU 选项，单击此选项进入 CU 类型选择，并选中 Configure CU2，如图 6.4 所示。

图 6.4　CU 类型选择

2) 输入系统 OCC 信息

在选择 Configure CU2 后，出现一个大的窗口，如图 6.5 所示。在这个窗口中需要输入 TES 远端站所在系统的 OCC 的信息。这些信息包括以下内容。

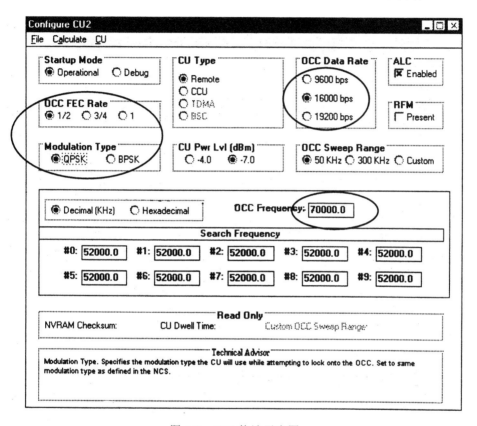

图 6.5 CU2 构造示意图

(1) 系统使用的频段：C 波段或 Ku 波段。

(2) 数据率、校正和调制类型选择。

① 19.2Kbit/s，1/2 QPSK。

② 16Kbit/s，1/2 QPSK。

③ 16Kbit/s，3/4 BPSK。

(3) 系统是否含有 ODU。

(4) OCC 频率。

图 6.5 中给出的选择为：OCC 工作在 16Kbit/s，1/2 QPSK 方式，而 OCC 频率正好为 70MHz。图 6.5 最下面的 Technical Advisor 是当鼠标移动到某一个选项

区域时，软件自动给出的技术解释。图 6.5 中是当鼠标处于 Modulation Type 选项区域时的显示。

3）选择远端站 CU

选择 CU 为远端站 CU，即 Remote，CCU 是用于网络控制系统的，如图 6.6 所示。

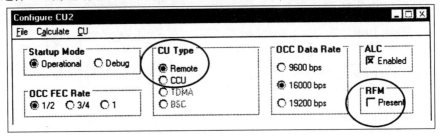

图 6.6　选择远端站 CU

4）选择 RFM

图 6.6 中 RFM 选项用于选择射频模块。如果远端站为混合站，而 RFM 板在 PES 机箱中（与现在正在构造的 CU 不在一个机箱中），则选中 Present 复选框。如果远端站为 V2 型或 EFDATA 型，则此项空，不选中。

5）常规设置

在 CU2 构造中，Startup Mode 总是选择 Operational；ALC 选项总是选择 Enabled，如图 6.7 所示。

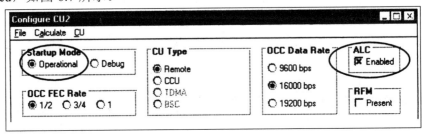

图 6.7　CU2 常规设置

6）频率搜索

如果网络控制系统具有多个 OCC 频率，或者系统 ODU 的中心频率与网络控制系统的中心频率不一致，需要进行频率搜索。

从构造 CU2 的软件界面中选择 Calculate 菜单，选中 Search Frequency 选项，如图 6.8 所示。

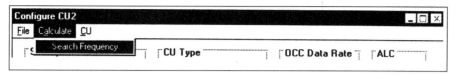

图 6.8　CU2 频率搜索界面

7) 输入频率

选择 Search Frequency 选项后，出现如图 6.9 所示的对话框。

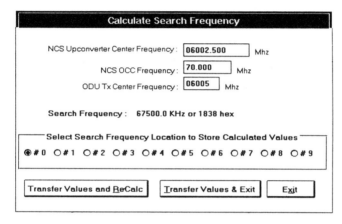

图 6.9　频率搜索对话框

输入远端站系统所在网络的三个频率：网络控制系统上行中心频率、网络控制系统 OCC 中心频率和 ODU 发射中心频率。

8) 选择频率号

在图 6.9 所示的对话框中，从十个频率号中选择一个频率号，例如，图中"#0"频率被选中，单击 Transfer Values and ReCalc 按钮。然后单击 Exit 按钮，屏幕变换到图 6.10 所示的对话框。

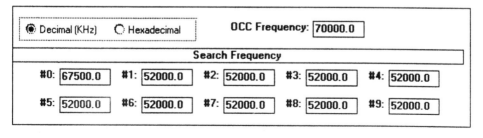

图 6.10　频率搜索显示对话框

从图 6.10 中可以看到 "#0" 号频率值为 67500.0。而其他频率号显示值为默认值 52000.0。

9) 准备保存构造信息

当全部上述过程正确完成后，准备保存构造信息。从 Configure CU2 软件界面中选择 File 菜单，并选择 Save 选项，如图 6.11 所示。

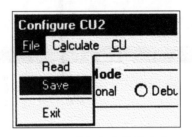

图 6.11　准备保存构造信息

10) 建立构造文件

选择 Save 选项后，出现如图 6.12 所示的对话框。选择好文件保存路径，在 File Name: 文本框中输入一个给定的文件名，如 remote1。CU2 构造文件的后缀为.CU2。然后，单击 OK 按钮。

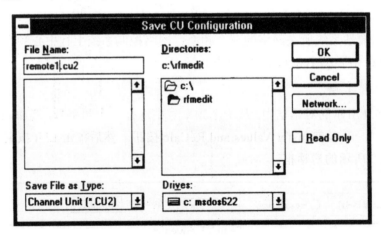

图 6.12　保存 CU2 构造文件对话框

11) 退出构造 CU2

构造完毕 CU2 文件后，从 Configure CU2 软件界面中选择 File 菜单，并选择 Exit 选项，如图 6.13 所示，退出构造 CU2 文件。

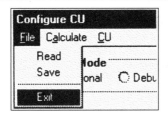

图 6.13 退出构造 CU2

2. 加载 CU2 文件

加载 CU2 文件步骤如下。

1) 选择 CU2 类型

运行 VSAT Utility 软件后,从软件主界面中选择 CU 选项,单击此选项进入 CU 类型选择,并选中 Configure CU2,如图 6.14 所示。

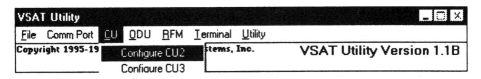

图 6.14 选择 CU2 类型

2) 准备读取文件

从 Configure CU 软件界面中的菜单 File 中选择 Read 项,如图 6.15 所示。

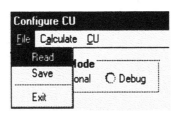

图 6.15 准备读取文件

3) 选择文件

从图 6.16 所示对话框中 File Name:栏选择所需文件。

4) 写设置到 CU2

读取一个文件后,仔细检查每个设置项是否正确。确认正确后将读取的文件写入 CU2 中,如图 6.17 所示。

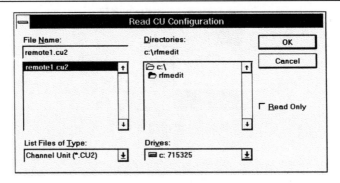

图 6.16　选择文件

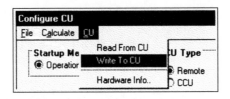

图 6.17　写入 CU2 设置

5) 检查

从 CU 中将刚写入的设置读出进行检查，如图 6.18 所示。

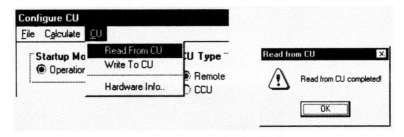

图 6.18　读取检查

6) 退出

文件检查正确后，加载 CU2 文件结束，退出加载 CU2 文件程序，如图 6.19 所示。如果想继续加载其他 CU2 文件，可以按照步骤重新开始。

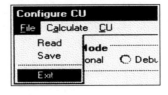

图 6.19　退出加载 CU2 文件程序

6.2.5　Windows 环境下 CU3 装载 NVRAM

1. CU3 NVRAM 装载

1) 选择 CU3 类型

运行 VSAT Utility 软件后，从软件主界面中选择 CU 选项，单击此选项进入
CU 类型选择，并选中 Configure CU3，如图 6.20 所示。

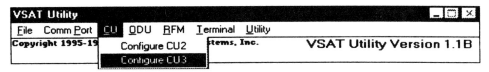

图 6.20　选择 CU3 类型

2) 输入系统 OCC 信息

在选择 Configure CU3 后，出现一个大的对话框，如图 6.21 所示。在这个对
话框中需要输入 TES 远端站所在系统的 OCC 的信息。这些信息包括以下内容。

（1）系统使用的频段：C 波段或 Ku 波段。

（2）数据率、校正和调制类型选择。

① 19.2Kbit/s，1/2 QPSK。

② 16Kbit/s，1/2 QPSK。

③ 16Kbit/s，3/4 BPSK。

（3）系统是否含有 ODU。

（4）OCC 频率。

图 6.21 中给出的选择为：OCC 工作在 19.2Kbit/s，1/2 前向校正方式，调制
方式采用 QPSK 方式，数据率为 19.2Kbit/s，而 OCC 频率正好为 70MHz。

图 6.21 中最下面 Technical Advisor 是当鼠标移动到某一个选项区域时，软件自
动给出的技术解释。图 6.21 中是当鼠标处于 Modulation Type 选项区域时的显示。

3) 选择远端站 CU

CCU 是用于网络控制系统的，而加载 NVRAM 的 CU 处于远端站。因此，必
须将 CU 选择为远端站 CU。在如图 6.22 所示的对话框中 CU Type 选项框中选中
Remote 项。

4) 选择 RFM

图 6.22 中 RFM 选项用于选择射频模块。如果远端站为混合站，而 RFM 板在

PES 机箱中(与现在正在构造的 CU 不在一个机箱中),则选中 Present 复选框。如果远端站为 V2 型或 EFDATA 型,则此项空(不选中)。

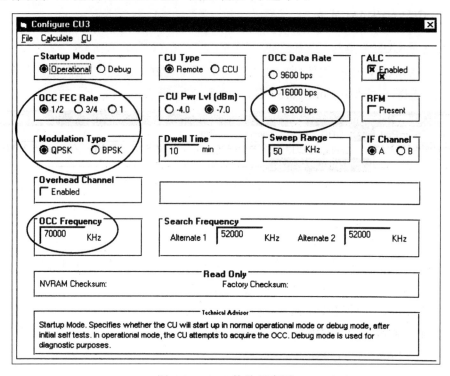

图 6.21　CU3 构造示意图

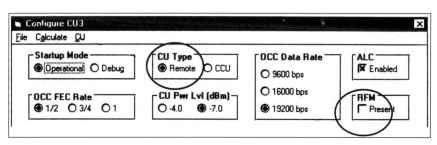

图 6.22　选择远端站 CU

5)常规设置

在 CU3 构造中,一些设置是默认的,对于 CU3,Startup Mode 总是选择 Operational;ALC 选项总是选择 Enabled;CU Pwr Lvl 总是设置为−7.0dBm;Dwell Time 总是设置为 10min;IF Channel 总是选择 A;Overhead Channel 总是选择为空(不选择),如图 6.23 所示。

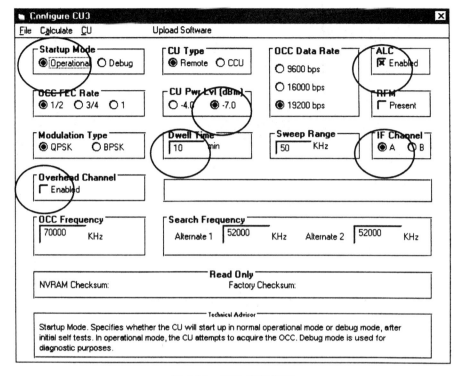

图 6.23 CU3 常规设置

6) 设置扫描范围

C 波段扫描范围设置为 50kHz；Ku 波段扫描范围设置为 300kHz；如图 6.24 所示。

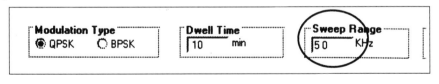

图 6.24 设置扫描范围

7) 频率搜索

如果网络控制系统具有多个 OCC 频率，或者系统 ODU 的中心频率与网络控制系统的中心频率不一致，则需要进行频率搜索。从构造 CU3 的软件界面中选择 Calculate 选项，选中 Search Frequency，如图 6.25 所示。

8) 输入频率

选择 Search Frequency 选项后，出现图 6.26 所示的对话框。

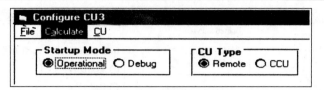

图 6.25　CU3 频率搜索界面

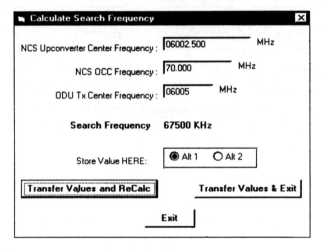

图 6.26　CU3 频率搜索对话框

　　输入远端站系统所在网络的三个频率：网络控制系统上行中心频率、网络控制系统 OCC 中心频率和 ODU 发射中心频率。

　　9) 频率搜索

　　当三个频率输入完毕后，单击 Transfer Values and ReCalc 按钮得到第一个搜索频率，本例中 Search Frequency 为 67500kHz，并将该值通过选择 Store Value HERE 中的 Alt 1 选项保存起来。

　　10) 重复搜索

　　如果存在第二个频率，则可以继续搜索。在图 6.26 所示的对话框中，通过选择 Store Value HERE 中的 Alt 2 选项来搜索并保存第二个频率。如果搜索完毕，单击 Exit 按钮。

　　11) 搜索结果

　　如果搜索完毕，则单击 Exit 按钮，CU3 屏幕变换到图 6.27 所示的搜索结果对话框。在图 6.27 中，只存储了一个频率值，第二个频率值显示 52000kHz 默认值。

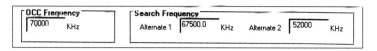

图 6.27　CU3 频率搜索结果对话框

从图 6.27 中可以看到 Alternate 1 频率值为 67500.0kHz，而 Alternate 2 显示值为默认值 52000kHz。

12) 准备保存构造信息

当上述过程全部正确完成后，准备保存构造信息。从 Configure CU3 软件界面中选择 File 菜单，并选择 Save 选项，如图 6.28 所示。

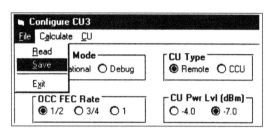

图 6.28　准备保存 CU3 构造信息

13) 建立构造文件

单击保存 Save 选项后，出现图 6.29 所示的对话框。选择好文件保存路径，在 File name：文本框中输入一个给定的文件名，如 std。CU3 构造文件的后缀为.CU3。然后，单击 OK 按钮。

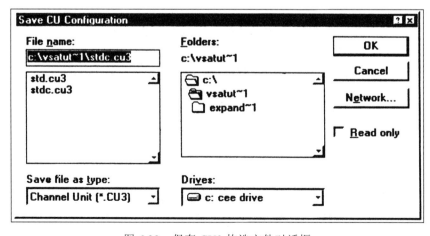

图 6.29　保存 CU3 构造文件对话框

14) 退出构造 CU3

构造完毕 CU3 文件后，从 Configure CU3 软件界面中选择 File 菜单，并选择 Exit 选项，如图 6.30 所示，退出构造 CU3 文件。

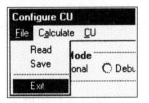

图 6.30　退出构造 CU3

2. 加载 CU3 文件

加载 CU3 文件步骤如下。

1) 选择 CU3 类型

运行 VSAT Utility 软件后，从软件主界面中选择 CU 选项，单击此选项进入 CU 类型选择，并选中 Configure CU3，如图 6.31 所示。

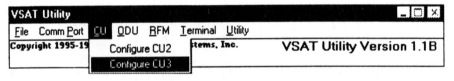

图 6.31　CU 类型选择

2) 准备读取文件

从 Configure CU3 软件界面中 File 菜单中选择 Read 项，如图 6.32 所示。

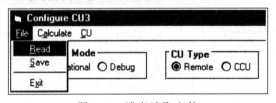

图 6.32　准备读取文件

3) 选择文件

从图 6.33 所示对话框中 File name：栏选择所需文件，如 std.cu3。

4) 写设置到 CU3

读取一个文件后，仔细检查每个设置项是否正确。确认正确后将读取的文件写入 CU3 中，如图 6.34 所示。

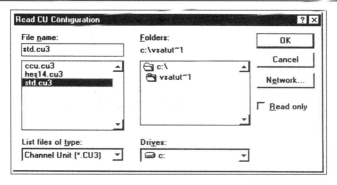

图 6.33 选择文件

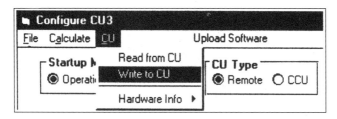

图 6.34 写入设置

5) 等待

写入等待, 如图 6.35 所示。

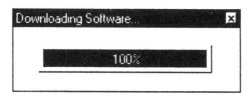

图 6.35 写入等待

6) 检查

从 CU 中将刚写入的设置读出进行检查, 如图 6.36 所示。

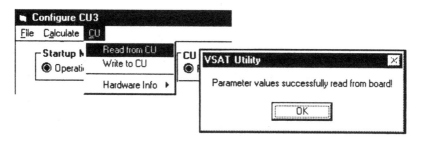

图 6.36 读取检查

7) 退出

文件检查正确后，加载 CU3 文件结束，退出加载 CU3 文件程序，如图 6.37 所示。

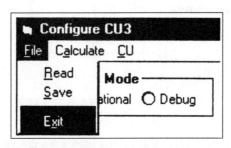

图 6.37　退出加载 CU3 文件程序

6.3　L_{ir} 和 L_{it} 的默认值

L_{ir} 和 L_{it} 两个值是在 TES 远端站入网调试中十分重要的参数。

在 CU 加电和完成 NVRAM 加载后，就要利用功率测试程序算出来的 L_{ir} 和 L_{it} 默认值来设置 IF 衰减器。在入网开通记录表上应该已经记录了网络控制系统管理员计算出的 L_{ir} 和 L_{it} 默认衰减值。对于机架式安装的 TES 远端站，把在 IF 分配器上的 0～50dB 旋转式可调衰减器设到默认值。

设置 PAD_{Tx} 和 PAD_{Rx} 默认值方法如下：设置默认的衰减器值，使衰减器设在安全的起始值，这是调整 TES 设备功率的一个预防措施。

(1) 参见图 6.38，用下式计算 PAD_{Tx} 默认值：

$$\text{PAD}_{Tx\,默认值} = 功率测试程序\ L_{it} - (\text{SUM}_{INT} + \text{SUM}_{Tx})$$

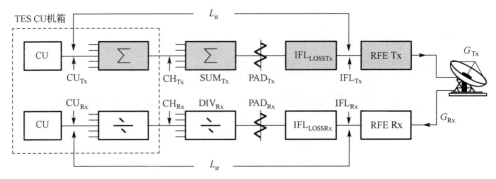

图 6.38　发射系统

(2)把发送衰减器(PAD$_{Tx}$)设置成 PAD$_{Tx\text{默认值}}$，单位是 dB，转动衰减器外圈选择步进为 10dB，转动衰减器内圈选择步进为 1dB。

(3)参见图 6.39，用下式计算 PAD$_{Rx}$ 默认值：

$$PAD_{Rx\text{默认值}} = \text{功率测试程序}\ L_{ir} - (DIV_{INT} + DIV_{Rx})$$

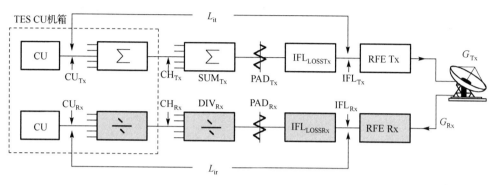

图 6.39　接收系统

(4)把接收衰减器(PAD$_{Rx}$)设置成 PAD$_{Rx\text{默认值}}$，单位是 dB，转动衰减器外圈选择步进为 10dB，转动衰减器内圈选择步进为 1dB。

6.4　室外单元调试

室外单元调试一个重要的工作就是天线对准，天线必须正确对准 TES 系统所用的卫星。天线对准包括以下三部分。

(1)设置极化角。

(2)设置方位角和仰角。

(3)调整方位角和仰角为最佳。

保证 RFE 已经加电，并且预热足够长的时间使频率合成器稳定。

室外单元调试的方法有两种。

(1)利用测试频率池中的 CW 载波，寻找网控系统的 OCC 来对准天线。

(2)利用卫星信标的方法来对准天线。

6.4.1　调试方法一

在开始对准天线前必须建立一个测试呼叫，天线对准利用测试频率池中的 CW 载波。网络操作员在网络控制系统站的两个 DCU 间建立一个 19.2Kbit/s 速率、

1/2 前向纠错、QPSK 调制方式的 DCU 测试呼叫，然后操作员将中断一个 DCU 并把它设置为 CW 模式。

1. 设定极化角

一旦测试呼叫建立就可以开始天线对准，第一步是把极化角设定为计算值。极化角的计算值应该在远端站入网开通记录表中提供，如果没有则在便携机上用配置编辑软件的 LatLong 功能计算。从远端站入网开通记录表中得到极化角，并将极化角设置在此值。

2. 设置方位角和仰角

下一步是使天线指向所用卫星的大致方向，按以下步骤调整天线方位角和仰角。

(1)用一个罗盘或量角器，旋转天线到合适的方位角。

(2)一旦方位角设定，用一个倾斜仪调节所需仰角。

3. 调整方位角和仰角为最佳

当天线指向卫星的大致方向后，可进一步进行精确的调整，使接收信号达到最大。执行下列步骤完成所要求的天线对准调整。

(1)如图 6.40 所示，在 RFE 的 IF 输出端接一个频谱分析仪。

① 将中心频率设到网络控制系统在测试频率池中建立的 CW 载波频率上(注：当在频谱分析仪上设定中心频率时要包括 OCC 偏移频率)。

② 要保证扫描带宽至少是 50kHz，直到测试 CW 载波被找到。

③ 把刻度设到 2dB/DIV。

(2)慢慢地转动方位角直到发现最强信号，转离峰值并完全离开卫星以确保不是在旁瓣上。

如果在频谱分析仪上没有发现网络控制系统测试呼叫的 CW 载波，则没有对准卫星，或者可能是 LNA 故障、RFE 故障、RFT 没有电、电缆故障，要再检查频谱分析仪的设置。

如果问题出在搜索载波上：①开关 LNA 电源的同时监视 RF 频谱的背景噪声，判断 LNA 是否坏了；②在 IF 频谱上监视背景噪声，同时开、关 RFE 的电源以确定 RFE 是否发生故障。

(3)将方位角设在信号峰值读数处，拧紧方位角螺栓。

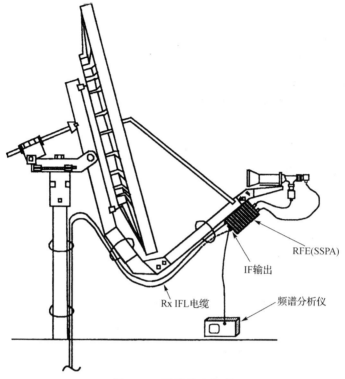

图 6.40 天线指向调整

(4)慢慢转动仰角直到发现最强信号,转离峰值并完全离开卫星以确保不是在接收信号的旁瓣上。

(5)将仰角设在信号峰值读数处,拧紧仰角螺栓。

(6)重复调整方位角和仰角找信号最大,确保对得最准。

(7)在远端站记录表中记下极化角、方位角和仰角。

(8)重新连接 Rx IFL 电缆到 RFE 的 IF 输出口。

6.4.2 调试方法二

TES 远端站的调试工作分为天馈系统调整和收发电平调整两大步骤。V2 型和 EFDATA 型卫星地面站第一步调整完全相同,但收发电平的设置却有很大区别。

1. 天馈系统的调整:采用定性测试法

1)天线方位角、俯仰角的调整:最大值法

(1)目的:通过调整卫星天线的方位角和俯仰角,实现天线对星角度最佳。

(2) 测试信号及指标。

① 卫星信标信号：带宽<5kHz 的单载波。

频率：4193MHz、4198MHz。

指标：载噪比最大值。

② 网控信标信号 (3995MHz)：单载波。

频率：3979.8MHz。

③ OCC 信号：带宽 27.5kHz 的调制波。

频率：3980.025MHz、3980.125MHz。

(3) 测试方法。

① EFDATA 站关闭高功放电源，V2 站关闭室内机箱电源。

② 把 LNA 射频电缆和 ODU 射频输入端用三通连接，三通中心端口接隔直器后与频谱仪相连。确认连接无误后，打开相关电源。

③ 频谱仪的中心频率设置于卫星信标信号 (4193MHz) 处，频谱仪参数设置为 RES BW：1kHz；VBW：10Hz；AMP：5dB/DIV；SPAN：30kHz；SWP TIME 设在一秒以下，调整天线的俯仰角和方位角直至信噪比最大。

④ 把频谱仪的中心频率分别置于网控信标信号和 OCC 信号，如果两个信号均有，证明天线调整基本到位，可进行微调阶段。

⑤ 频谱仪除 SWP TIME 参数设在 AUTO 外，其他参数与③相同。中心频率置于卫星信标信号，缓慢调整天线的方位角和俯仰角直至信噪比最大。

2) 天线馈源极化角的调整方法：最大值法

(1) 目的：调整天线极化法兰盘，达到极化效果最佳。

(2) 测试信号，频率：卫星信标信号。

(3) 测试方法。

① 频谱仪连接方式与调整天线方位角、俯仰角相同，参数设置与上述③相同。

② 拧松固定法兰盘靠近天线上部的 8 个螺丝，根据计算值初步确定馈源位置。

③ 轻轻转动法兰盘，转动一下观察一次信噪比的变化，直至最大，并做好标记。

④ 如有条件把法兰盘转至垂直方向，观察到的信号信噪比如比垂直方向上的信噪比小 30dB 则证明本站天线增益极佳。

注意事项如下。

（1）在这两项测试中，频谱仪输入端前一定要加装隔直器，并确认隔直器无直流输出后方可与频谱仪相接。

（2）频谱仪应灵活使用，尤其是 SWP TIME 应根据实际情况设置。

（3）调整后，应把方位角和俯仰角在天线上做好标记并锁定。

（4）以上测试参数应打印出频谱图，以备以后调试参考。

2．EFDATA 型 TES 远端站的发射接收功率调整

1）发射功率粗调

（1）目的：调整发射衰减器，初步确定发射电平。

（2）测试信号与指标。

频率：由网控站提供数值（70MHz 左右的单载波）。

指标：每站根据情况确定。

（3）方法。

① 请网控站配置两路自环链路，并提供其频率值，本站设置的两块 CU 板均显示"7."。

② 把 PC 与一块 CU 板的 Debug 口相接，在 HES 子目录中选 DANDY 文件。键入：

```
BREAK
MB 8010：6,OAC
```

此块 CU 板已被设置为单载波发射，其显示为闪烁。

③ 频谱仪参数设置为 RES BW：1kHz；VBW：10Hz；AMP：5dB/DIV；SWP TIME：AUTO；SPAN：30kHz；衰减值：10dB。

第一种方法如下。

a．用频谱仪测试 CU 板单载波输出电平 Txcu。

b．发射中频电缆两端分别测出其单载波电平值，并计算出其差值 Lc（电缆衰减值）。

c．由 L1–Lc+Txcu+5.3 计算出发射衰减器的初始值 A（L1 是通过链路计算得到的）。

第二种方法如下。

a．把频谱仪接至 EFDATA 的 IF IN 接口。

b．调整发射衰减器，达到单载波电平值–54dBm。

2）发射功率细调

（1）目的：根据本站自环调制信号的载噪比，确定发射电平。

(2)测试信号与指标。

频率：调制信号(频宽 27.5kHz)频率与"粗调"相同。

指标：12.5±0.5dB。

(3)方法。

① 用计算机在 DANDY 程序中键入：

```
BREAK
MB8010: 6,0A4
```

把发射单载波恢复为发射调制信号：CU 板显示"7."。

② 把机箱 IF 输入端的电缆(Rx In)直接与频谱仪相接,频谱仪参数设置与"粗调"相同。

③ 增减发射衰减器的数值，使本地自环调制信号达到标准值。

④ 调整完毕后请网控站观察并认可本地自环调制信号，其载噪比应在 11～15dB 范围内。

3)接收功率细调

(1)目的：调整接收衰减器，确定本站接收电平。

(2)测试信号与指标。

频率：与"发射功率粗调"的测试信号相同。

指标：61.5dBm。

(3)方法。

① 把自环 CU 板设为发射单载波状态：方法与"发射电平粗调"相同。

② 把机箱 IF 输入端中频电缆与频谱仪相连，频谱仪参数设置与"发射功率粗调"相同。

③ 调整接收衰减器，使接收到的本地单载波达到指标。

注意事项有如下两方面。

(1)发射功率粗调有两种方法，可根据情况而定。

(2)发射功率的最后确定必须经网控认可。

3. V2 型室内设备的调整

1)接收、发射电平初步调整

(1)用 TES Config 电缆把 PC 的串行口与 RFM 板的 Config 口相连。

在 HES 软件子目录下选 RFM Configuration Editor 项(D 项)。

屏幕出现如下内容。

```
CE.INI:COM info not found
Using COM1 for communications.
                OK
```

按回车键。

(2) 选 Hybrid Earth Station。

(3) 按 ALT + =选屏幕显示。

按 ALT+R 回车：选 Read from RFM。

以下参数按如下设置。

Transponder Window：28：6128～6225MHz。

KCM　Present？：not present(高密度机箱选 KCM2)。

Startup ALC Level：16。

Commissioned Gain：根据每站具体情况设定。

HPA Present：Present。

ODU Alarm Flag：ignore。

CU Power Mode ：CU pwr varying。

ODU Power control：ODU const gain。

Power Control Mode：EIRP。

PES Prsent？：not　Present。

机箱类型：根据每站情况而定。

按 ALT+R 回车：选 Write to RFM with Reset。

按 ALT+W 写入。

按 ALT+F：选 Quit 退出。

(4) 在 HES 软件子目录下选 A 项(Run PES DIU Editor)定义 HPA(高功放)。

选择 2 后按回车键。

选 Terminal 后按回车键。

在 Command：输入以下内容。

```
A  F029  01
L
Z
```

响应 Null　Response。

按回车键退出。

(5) 按以上步骤调整完毕后，本站的某一块 CU 板 DS9 红色指示灯将发光；

将 PC 接至此 CU 板的 Debug 口，由监控软件 DANDY 中的 MONEIRP.MC2 监控该 CU 板的 DELTA G 值。

```
01,02<Read Moneirp.mc2
/Moneirp
2
2(高密度机箱选 3)
1
```

该值将自动调整为 0000 或 FFFF。

(6)与网控站联系，请其确认该功率值是否合适。

2)发射功率的细调

(1)目的：根据本站的自环调制信号的载噪比，确定本站的发射电平。

(2)测试信号及指标。

信号：70MHz 的调制信号，其本站频谱仪观察频率 f 实际为 140MHz–网控站提供值。

指标：12.5±0.5dB。

(3)方法。

① 由网控站为本站两块 CU 板配置自环通信链路，并提供相应频率。此时两块 CU 板均显示"7."。

② 把频谱仪接至机箱中频输出(IF OUT)端，观察自环调制信号的载噪比，该值应为 12.5±0.5dB，否则重新调整 Commissioned Gain 值。

③ 请网控站观察本站信号，其载噪比应在 11～15dB 范围内。

注意事项有以下两方面。

(1)Commissioned Gain 值可根据 EIRP 值计算出来。

(2)如有条件可利用自环链路进行误码测试。

6.5　测量和调整接收功率

执行下列步骤测量和调整接收功率。

(1)网络控制系统操作者应继续保持从网络控制系统引导机箱发出 19.2Kbit/s 速率、1/2 前向纠错、QPSK 调制方式的测试 CW 呼叫。

网络控制系统数据库里必须已经定义了一个引导机箱，并利用远端站的 Rx 功率因子来建立这个测试呼叫。如果网络控制系统引导 CU 的发送载波电平为最小电平(–16dBm)或最大电平(–4dBm)，这样建立的测试呼叫不能用于远端站入网开通。必须换用另外一个站点,这个站点在建立这个测试呼叫时,不工作在最大或最小电平上。

(2)用频谱分析仪测量机箱的接收输入(CH$_{Rx}$)。按以下说明使用频谱分析仪。

以下步骤是针对 HP8591E 频谱分析仪的。如果使用其他型号的频谱分析仪,要成功地测量接收功率,可能要对以下步骤进行改动。

① 用一根标准电缆连接频谱分析仪的输入端和 TES IF 分配器面板上的接收信号端。

② 在频谱分析仪 CAL OUTPUT 连接头上加一个 50Ω 端接器。

③ 把频谱分析仪的中心频率设到 70MHz,并按 MHz-dBm 键。

a. 按 FREQUENCY 控制键。

b. 选择 CENTER FREQ 选择项,并在 DATA 控制区的键盘上输入 70。

c. 按同一区的 MHz-dBm 控制键。

④ 把扫描带宽设成 50.0kHz。

a. 按 WINDOWS 区的 SPAN 控制键。

b. 用 STEP 控制键,调整扫描带宽直到屏幕上显示 SPAN 50.0kHz。

⑤ 把幅度参考电平设到–40dBm。

a. 在频谱分析仪的 WINDOWS 区按下 AMPLITUDE 控制键调整 RFE 电平。

b. 用 STEP 键调整 RFE 电平直到显示 RFE 为–40dBm。

⑥ 把频谱分析仪的衰减值设为 10dBm。

a. 当频谱分析仪 AMPLITUDE 模式仍然点亮时,按对应着 ATTEN AUTO MAN 选项的屏幕边上的软键,直到 MAN 选择下面有划线。

b. 用 STEP 键调整衰减,直到显示 ATTEN 是 10dB。

⑦ 设置扫描速度为 15.0s。

a. 在 CONTROL 区按 SWEEP 键。

b. 用 STEP 键调整扫描速度,直到显示速度 SWP 是 15s。

⑧ 设置视频带宽为 10Hz。

a. 在 CONTROL 区按 BW(带宽)键。

b. 按对应着 VID BW AUTO MAN 选项的屏幕边上的软键,直到 MAN 选择下面有划线。

c. 用 STEP 键调整视频带宽,直到显示 VBW 是 10Hz。

⑨ 设置分辨带宽为 1kHz。

a. 按对应着 RES BW AUTO MAN 选项的屏幕边上的软键,直到 MAN 选择下面有划线。

b．用 STEP 键调整分辨带宽，直到显示 RES BW 是 1kHz。

⑩ 在中心频率处设一个标记（本例中心频率是 70MHz）。

a．在 MARKER 区按 MKR。

b．按对应着 MARKER 1 ON OFF 选项的屏幕边上的软键，直到 ON 选择下面有划线，并且保持 MARKER NORMAL 是点亮的。

c．用 STEP 区的调整旋钮调整标记的位置，直到屏幕上标记的显示值（MKR 70.000MHz）与中心频率 CENTER 70.000MHz 一致。

d．按对应着 MARKER NORMAL 选项的屏幕边上的软键。

⑪ 读取在频谱仪显示区右上角 MKR 70.000MHz 下的功率值。这个值代表 CH_{Rx} 接收信号电平。

（3）对于 4 个信道的机箱接收电平应为 −56dBm，HDC 应为 −50dBm。

（4）调整 Rx 衰减器（PAD_{Rx}）使输入电平达到正确值 ±2dBm，并在记录表中记下 PAD_{Rx} 和 CH_{Rx} 值。

（5）在远端站测量从网络控制系统接收的载波的 C/N。图 6.41 提供了一个在频谱分析仪上测量 C/N 的例子。

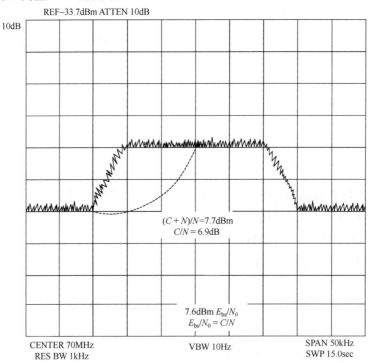

REF−33.7dBm ATTEN 10dB

10dB

$(C+N)/N=7.7$dBm
$C/N=6.9$dB

7.6dBm E_{bs}/N_0
$E_{bs}/N_0 = C/N$

CENTER 70MHz　　　　　　VBW 10Hz　　　　　　SPAN 50kHz
RES BW 1kHz　　　　　　　　　　　　　　　　　　SWP 15.0sec

图 6.41　测量 C/N

注意，频谱仪的读数：$\frac{C+N}{N}$ dB；$\frac{C}{N}$ dB $= 10\lg\left(10^{\frac{\frac{C+N}{N}}{10}} - 1\right)$。

(6) 对于 C 波段 C/N 应至少为 10dB。

(7) 如果测量的 C/N 值比规定值小，则要检查一下 RFE 直到测量的 C/N 达到要求。

6.6　粗调发送功率

推荐的远端站发送功率调整方法，是先利用 PAD_{Tx} 计算公式，进行最初的粗调节。远端站发送功率的细调节将在以后进行。执行下列步骤进行最初粗调[13]。

调节 PAD_{Tx} 衰减器把它的值设定为 PAD_{Rx} 与 $PAD_{RxDefault}-PAD_{TxDefault}$ 之差，即

$$PAD_{Tx} = PAD_{Rx} - (PAD_{RxDefault} - PAD_{TxDefault})$$

6.7　CU 软件下载

入网开通室内设备时要求复位所有的 CU，并在它们通过自检、下载实现所有功能所需软件和数据时，监视它们的状态。以后要做的环路测试可证实 CU 是完全工作的。

下面对 CU 复位后，通过的每一步与相应的模块状态码提供简要说明。这些状态码显示在 CU 板前的 LED 上。确保 Rx IF 和 Tx IF 已经与机箱和 RFE 连接，按 CU RESET 钮复位 CU。

6.7.1　自检诊断

当 CU 加电时自动完成自检诊断，每步检测一个特定功能。如果检测通过，则将在板上的 LED 看到如表 6.4 所示的一系列显示。每个显示都是固定的，即不闪烁。

如果自检通过后会显示一连串闪动的"2"，表示正在装载引导软件。如果一项检测失败，将在下一项检测开始前加一个小数点。如果设置 NVRAM 不能修复故障，则把故障返回美国休斯网络系统公司并在故障登记表中记下显示的字符，以帮助诊断和修复故障。

表 6.4　CU 自检诊断代码

LED 显示	定义
	随机存储器(RAM)测试
	中央处理单元(CPU)测试
	LED 测试(此步骤中 LED 所有的段都有可能发光)
	只读存储器(ROM)测试
	NVRAM 测试
	内部定时器测试
	内部按需分配多址(DAMA)方式测试
	双通用异步接收/定时器(Double Universal Asynchronous Receiver/Transmitter,DUART)测试
	系统控制中心(SCC)测试
	SCC DMA 测试
	内部可编程中断控制器测试
	检查有关部件自检测试结果(电源、调制器和基带处理器等)
	自检测完毕
	检测失败

6.7.2　装载引导软件

CU 加电完成自检诊断后,CU 开始接收本系统范围内广播的引导软件,以及其后的其他软件。引导代码使 CU 能要求它自己的配置数据和软件。每一步有一个闪动的显示，在数字"2"和一个单独的 LED 段间交替。装载引导软件的显示顺序和意义列在表 6.5 中。

表 6.5　装载引导软件

LED 显示	含义
（LED 段显示）	搜索 OCC 载波
（LED 段显示）	检测到载波，CU 正在接收一个信号，并试图锁定解调器
（LED 段显示）	解调器锁定在载波上，并等待周期性的建立信息
（LED 段显示）	接收到建立信息，CU 正在正确的 OCC 上进行接收，并等待 RAM 引导信息
（LED 段显示）	正在接收引导 RAM 信息段
（LED 段显示）	检查引导 RAM 代码段的大小，并等待接收所有需要的段内容

6.7.3　装载软件

在接收到引导 RAM 代码并检验后，CU 用这些代码请求下载它的其他软件、配置数据和系统参数。至此为止，CU 只是在它的 NVRAM 中定义的 OCC 上接收。在下一阶段 CU 将开始发送。装载软件显示的顺序和它们的意义列在表 6.6 中。

表 6.6　装载软件

LED 显示	含义
（LED 段显示）	在 OCC 上等待周期性的系统广播信息(信息包括了当前可用 ICC 频率的通告)
（LED 段显示）	向网络控制系统发送配置请求信息，这是 CU 板第一次发射，并等待配置综合信息
（LED 段显示）	正在加载数据档案文件(profile)信息
（LED 段显示）	正在加载系统参数信息，CU 板已经发射并被网络控制系统成功地接收

续表

LED 显示	含义
	正在加载软件综合信息
	等待软件加载
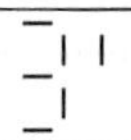	正在加载软件
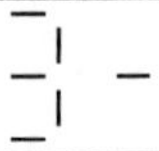	正在加载软件的补充信息

6.7.4　运行模式

在软件、配置数据和系统参数下载完成后，CU 便可运行。在维护状态下 CU 停在"空闲"状态——代码"4"。当处理业务时，它们显示代码 5~9。CCU 显示 A、b 或 C，取决于它们担任的角色。这些代码都是固定显示带一个闪动的小数点。CU 运行模式的显示和它们的意义列在表 6.7 中。正常状态时，DCU/LCU 停在状态 7，MCU 停在状态 4，CCU 停在 A、b 或 C，VCU 呼叫间歇停在 4。

表 6.7　运行模式

LED 显示	含义
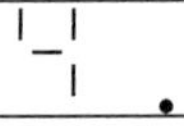	空闲状态(调谐在外向载波频率)
	在用户接口上接收到连接请求，向网络控制系统发送呼叫请求
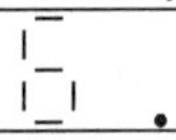	调谐到指定的业务信道频率(在清除呼叫并重新调谐到控制信道时，也将再次显示该状态)
	处于通话过程中——调谐在指定的频率上
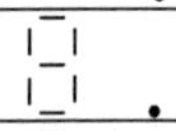	向网络控制系统发送呼叫结束信息，并等待呼叫结束应答信息
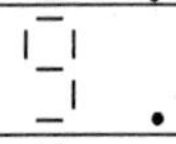	重新核查软件(也可能导致新软件的下载)
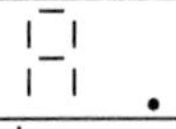	空闲的 CCU 板
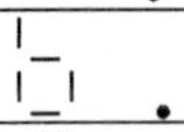	被指定为内向信道的 CCU 板
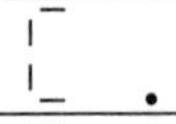	被指定为外向信道的 CCU 板
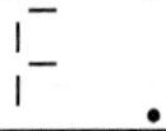	初始化复位

如果在这部分入网开通过程中，任何 CU 没有达到正确的状态，应重新确认它们的 NVRAM 参数。如果参数正确，则说明 CU 坏了，把它返回美国休斯网络系统公司修理。记住返修 CU 时要注明问题。

6.8 发送功率细调

采用下列步骤细调远端站的发送功率，该步骤包括启动一个远端站 CU 发送 CW，用频谱分析仪在发送支路 5 个关键点上测量和核实发送电平。参见图 6.38，弄清哪些点将进行测量，并把测量结果记录下来[13]。

(1)确认机箱 ID 开关已设置为合适的引导机箱 ID。

如果远端站有多个机箱，先在一个机箱上完成整个步骤，然后对另外的机箱进行重复。

(2)用被调整机箱中的一个 CU，向网络控制系统发一个话音呼叫。

在这步中所用的连接类型是 2 线还是 4 线，应该在离开网络控制系统到远端站现场前与网络控制系统取得一致。

(3)请求网络控制系统操作员与远端站建立一个 19.2Kbit/s 的 LCU 异步、连续的数据测试呼叫。

(4)请网络控制系统操作员提供测试呼叫的 CU_{Tx} 功率信息。

(5)等待测试呼叫占用 CU，当 LED 上显示 7 后用调试程序中断呼叫。

(6)把 PC 连接到呼叫占用的 CU 上，利用调试程序，在 DOS 环境调试提示符下键入 BREAK 使 CU 进入中断模式。中断了与网络控制系统的连接，远端站现在控制了呼叫。

(7)输入 MB 8010：6，OAC 发送一个 CW 载波。

(8)用频谱分析仪在机箱输出口(CH_{Tx})测试 CU 的输出电平并记录在记录表中。

(9)确认测量的 CH_{Tx} 等于计算的 $CH_{Tx}\pm0.5dB$。

这里计算 CH_{Tx}=呼叫测试者的 Tx 功率–机箱衰减。4 槽位机箱衰减是 6.5dB，高密度机箱是 12.5dB。注意，保证所有没用的分路/合路器端口和机箱槽位都端接了。

(10)如果安装了外部合路器，用频谱仪在 SUM_{Tx}(外部合路器)输出端测量 Tx 电平，并在表中记录下测量的电平值。

(11)确认 SUM_{Tx} 输出电平的测量值等于 CH_{Tx}(测量值)–SUM_{Tx}(计算值)。

这里计算的 $SUM_{Tx}=10\lg x+0.5$，x 为分路器和合路器的端口数。当工作现场未用外部合路器时，SUM_{Tx} 取 0。

(12) 如图 6.42 所示，用一台频谱仪，在 RFE(IFL_{Tx}) 输入端测量 IFL_{Tx} 电缆端的 Tx 电平，确定 IFL_{LOSSTx}，并把这个值记录在记录表中。

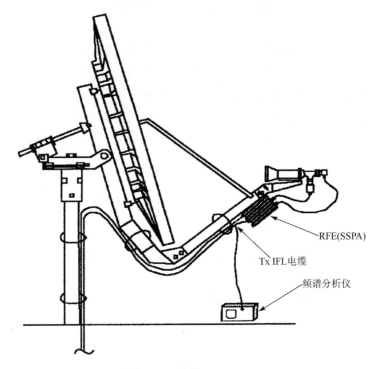

RFE(SSPA)

Tx IFL电缆

频谱分析仪

图 6.42　测量 IFL_{LOSSTx}

(13) 按下式计算 IFL_{LOSSTx}：

$$IFL_{LOSSTx}=CH_{Tx}-SUM_{Tx}-PAD_{Tx}-IFL_{Tx}$$

把结果记录下来。

(14) 记录测量的 L_{it}：

$$L_{it}=CH_{Tx}-IFL_{Tx}$$

在记录表中记录此值。

(15) 把 IFL_{Tx} 电缆连回到 RFE IF 输入口。

(16) 在馈源组件处断开 RF 发送输出电缆。

对于用波导的远端站，必须在 SSPA Tx 输出端断开 RF 发送输出电缆时，插入一个 N 型转波导的适配器。

(17)把频谱仪用一根标准电缆和一个 30W、20dB 的 RF 负载接到 RF 发送输出电缆上，如图 6.43 所示。

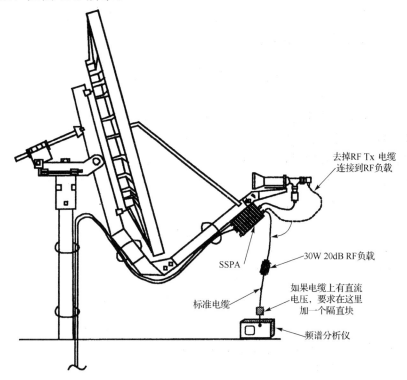

去掉RF Tx 电缆
连接到RF负载

30W 20dB RF负载

如果电缆上有直流
电压，要求在这里
加一个隔直块

频谱分析仪

SSPA

标准电缆

图 6.43　测试 RFE$_{Tx}$

注意，若不使用大功率 RF 负载可能会给频谱仪带来危险，因为正在测试的是大功率发射信号。

(18)在频谱仪上测量发射信号的功率，并在记录表中记录 RFE$_{Tx}$。

在测量电平时不要忘记考虑 RF 负载。

(19)按下式计算 RFE$_{TxGAIN}$：

$$RFE_{TxGAIN} = RFE_{Tx} - IFL_{Tx}$$

把结果记录在记录表中。

(20)确认测量的 RFE$_{TxGAIN}$ 与工厂设置的 RFT 增益值相差在±5dB 之内。

(21)保持第(17)步中频谱仪的连接，在 PAD$_{Tx}$ 调整衰减器的同时监测 Tx 功率，直到监测的 RFE$_{Tx}$ = EIRPes$-G_{Tx}$，两者的差在±2dB 范围内。

这里，地球站有效全向辐射功率 EIRPes 和 Tx 的增益 G_{Tx} 是从网络控制系统操作员处得到的计算值。

(22)把在 CW 模式的 CU 复位。

(23)把 RF 负载和电缆拆下来，重新把 RF Tx 电缆连接到馈源组件上。

(24)用密封材料对所有室外电缆进行防潮保护，如用防水密封带密封。

(25)确认 CU 能锁住 OCC 并成功地加载软件。

6.9 CU 环路测试

环路测试由网络控制系统执行，用来确认远端站是否可以运行业务。进行环路测试需要在网络控制系统操作员和远端站现场安装人员间保持通信。在开始进行环路测试前，网络操作员必须已经完成了第 4 章远端站安装中所提到的任务。

环路测试要用到引导机箱配置，为了方便使用，在此把环路测试中用到的三种引导机箱配置及它们的特点再重复一遍，如表 6.8 所示。

表 6.8 三种引导机箱配置及它们的特点

引导机箱配置 ID	特点	槽位定义
EEEE	机箱中所有 CU 全配置为 LCU，此机箱 ID 在远端站与网络控制系统间不使用 TES 通信时使用	所有＝ LCU
EEEC&EEED	机箱中配置两块 VCU，其余 CU 配置成 LCU。当通信信道使用 TES 和 2 线电话时，使用这些机箱 ID	EEEC CU2,CU4＝LCU;CU1,CU3＝VCU EEED CU1,CU3＝LCU；CU2, CU4＝VCU 其他 CU＝ LCU
EEEA&EEEB	机箱中配置两块 VCU，其余 CU 配置成 LCU。当通信信道使用 TES 和 4 线测试设备时，使用这些机箱 ID	EEEA CU2,CU4＝LCU；CU1,CU3＝VCU EEEB CU1,CU3＝LCU;CU2,CU4＝VCU 其他 CU＝LCU

测试过程要求每个站至少有两块 CU，即使永久性安装只有一块 CU。

以下步骤是进行 CU 环路测试时，远端站安装者要做的。

(1)把要测试的机箱下电(如果它已加电)。

(2)确认机箱 ID 开关设到合适的引导机箱号，例如，如果通信信道采用两线手机，则 ID 取为 EEEC。

EEEC 引导机箱配置，CU1 和 CU3 是 VCU，CU2 和 CU4 是 LCU，CUx 是指第 x 块 CU 板。如果对一个安装 HDC 的远端站进行入网开通，则安装的其余的 CU 配置为 LCU。

(3)给机箱加电保证 CU 完成自检并显示 "4."。

在这一段的入网开通过程中为了保证远端站安装者与网络控制系统网络操作员的良好通信,按下列顺序测试 CU 板:CU2,CU4,CU1,CU3。

(4)把 RS-232 环路连接器连到 CU2 和 CU4 的数据接口上。

RS-232 环路连接器是一个 25 针的连接头,其中 2、3 针,4、5 针,17、24 针相连。

(5)把话音环路连接器连到 CU2 和 CU4 的话音口上。

话音环路连接器必须要用跳线将 2、7 针,3、4 针,5、6 针相连。

(6)与网络控制系统联系,通知网络操作员所用的引导机箱 ID 和环路连接器已连接上。

如果远端站安装的是 Ⅱ 型 CU 板,且配置了 ICM 卡,则将手机连接到测试中的机箱的 CU1 或 CU3 后面的话音插座中。

如果远端站安装的是 Ⅰ 型 CU 或 Ⅱ 型 CU 但未配置 ICM 卡,则将手机连接在 2 线到 4 线转换器的电话插座上,或者其他用户提供的 2 线接口上。

(7)网络控制系统的网络操作员对 CU2 进行 CU 环路测试。

(8)引导机箱 EEEC 的 CU2 上的 LED 应显示呼叫正在进行。

(9)在 CU2 环路测试完成后,LED 应显示空闲。

(10)CU4 上的 LED 应显示呼叫正在进行。

(11)在 CU4 环路测试完成后,LED 应显示空闲。

(12)把被测试机箱下电。

(13)设置机箱 ID 开关为引导机箱配置 EEED(在本例中)。

EEED 引导机箱配置,CU1 和 CU3 是 LCU,CU2 和 CU4 是 VCU。如果对一个安装 HDC 的现场进行入网开通,则安装的其余的 CU 配置为 LCU。

(14)给机箱加电保证 CU 完成自检并显示。

(15)将数据和话音环路连接器连在 CU1 和 CU3 相应的接口上。

(16)用 CU2 或 CU4 与网络控制系统重新建立联系,通知网络操作员新的引导机箱 ID 以及环路测试连接头已连接好。

(17)CU1 上的 LED 应显示呼叫正在进行。

(18)在 CU1 环路测试完成后,LED 应显示空闲。

(19)CU3 上的 LED 应显示呼叫正在进行。

(20)在 CU3 环路测试完成后,LED 应显示空闲。

(21)在 CU1 和 CU3 测试完成后,所有 CU 应显示空闲。

(22) 从 CU1 和 CU3 上取下环路连接器。

(23) 把机箱地址旋钮开关设成其本身地址。

(24) 对远端站其他的 CU 和机箱重复这个过程。

6.10　入网开通总结

新站建立的步骤和总结如表 6.9 所示。表中所列的是完成入网开通所需要做的主要任务和执行步骤，为技术人员提供一个参考。

表 6.9　入网开通总结

阶段	网络控制系统所在地	TES 远端站所在地	执行者
网络控制系统建立	(1) 链路计算，系统功率要求		网控工程师
	(2) 安装网络管理站		网控工程师
	(3) 进行新站调试配置		网控操作员
准备新站	(1) 明确用户设备要求		现场工程师
	(2) 如有必要，与网络控制系统联系		现场工程师
	(3) 选择新站功率因子`		现场工程师
	(4) 提供现场勘测表格		现场工程师
		(5) 完成现场勘测	勘测员
	(6) 准备新站设备		现场工程师
	(7) 提供配置参数		当地工程师
		(8) 提供电源等	当地工程师
	(9) 对新站配置（没有使用 CU）		网控操作员
	(10) 对 CU NVRAM 输入参数		网控操作员
	(11) 发送新站设备		网控工程师
安装	(12) 提供配置表和其他参数给安装技术人员		网控操作员
		(13) 安装新站	安装技术员
调试	(14) 将 CU 置成 MNT		操作员
	(15) 发送 CW 调试信号，将 LCU 置成 INS		操作员
		(16) 检查 NVRAM	安装技术员
		(17) 用 CW 找星 测试电缆损耗 设定可变衰减器值 校准接收支路 对 CU 加电	安装技术员
	(18) 和新站建立 LCU 连接		操作员
		(19) 发 CW，校准发射支路	安装技术员
	(20) 做环回测试 LOOPBACK TEST		合作
运行		(21) 连接用户设备	安装技术员
	(22) 将 CU 设置成 INS		操作员

6.11　最终检查和测试

为保证远端站为运行做好准备，安装者在远端站要检查接地和连线，然后请网络控制系统网络操作员确认该远端站其他各项业务是否可用[29]。

6.11.1　检查连接

检查远端站所有连接的机械牢固性和防水密封的良好性。在离开远端站前，应确认所有机械组件都拧紧并锁住(AZ 和 EL 锁住)，室内设备组装正确，并且所有设备的前面板和外罩也已安装。

6.11.2　检查接地

在与美国休斯网络系统公司设备相接之前，检查用户设备的电源连接和接地是非常重要的。在连接任何接口电缆之前，先测量设备间的交流电压。

6.11.3　检查业务

要求网络控制系统网络操作员把 CU 置为"正在服务"状态，并检查从远端站到网络控制系统的各种业务。用实际的用户终端设备，检查话音质量是否良好；用终端用户 DTE 检查所有可得到的数据业务，观察至少 5min。

确定运行正常，还要与另一个安装正确的远端站至少有一次话音呼叫和一次数据呼叫。

6.12　入网开通记录

1. 远端站信息

网络名称：_____

远端站名称：_____

地址：_____

_____

_____

站点联系人：_____

站点电话：_____

2. 远端站配置

入网开通日期：_____　　执行者：_____

安装完成者：_____

70MHz IFL 电缆长度：_____m

IFL 电缆型号：_____

测试电路 Tx 频率 RF：_____GHz；　　IF：_____MHz。

测试电路 Rx 频率 RF：_____GHz；　　IF：_____MHz。

网络 OCC 频率：_____MHz；　NCS TES 电话号码：_____

引导机箱配置：EEEE/EEEC/EEEA（圈一个）。

远端站 RFE 波段：C/Ku（圈一个）；SSPA 功率_____W；波导类型_____

卫星名称：_____　　位置：_____E/W 经度

远端站位置：_____E/W 经度：_____N/S 纬度

卫星转发器：_____

极化方向：圆极化/线极化　　上/水平　　下/垂直（圈一个）。

晴空余量：_____

简述远端站配置即抄录网络控制系统的 CU 或机箱的配置报告，有必要用另
一张纸，记录下列内容。

机架数目（如果有的话）。

每个机箱的机箱 ID 和型号（四个槽位或 HDC）。

机箱中每个 CU 的安装位置，标明类型（VCU、DCU、MCU 等）。

MCU 域群（如果有的话）。

3. OCC 和偏移频率

网络控制系统 RFT 中心频率：_____MHz；远端 RFT 中心频率：_____MHz。

OCC 偏移频率：_____MHz（计算）。

CU NVRAM OCC 频率：_____字节 6 和 7（16 进制），
见表 6.10。

表 6.10　OCC 频率

字节	1	1	2	3	4	5	6	7	8	9	0A	0B	0C	0D
十六进制	—	—	8c	00	00	03			01	00	—	—	01	40

OCC 偏移频率(如果需要): _____ 字节 0，1(16 进制)，见表 6.11。

表 6.11　OCC 偏移频率

偏移	0	1	2	3	4	5	6	7	8	9
十六进制			—	—	—	—	—	—	—	—

4. 天线对准

指向参数: _____　　方位: _____

仰角: _____　　极化角: _____

5. 系统接收

系统接收部分需要记录的数据如表 6.12 所示。

表 6.12　系统接收部分的数据

项目	数据	缩写	说明	范围
			系统接收部分	
1	_____dBm	CH_{Rx}	机箱接收的 IF 输入	4CH-56dBm，HDC-50dBm
2	_____dB	IFL_{Rx}	RFT 输出	
3	_____dB	$PAD_{RxDefault}$	预计的(默认)PAD_{Rx} 衰减	0～50dB，1dB 增量
4	_____dB	PAD_{Rx}	Pad 衰减	0～50dB，1dB 增量
5	_____dB	DIV_{Rx}	外部分路器衰减	
6	_____dB	DIV_{INT}	内部分路器衰减	6.5dBm(HDC12.5dBm)
7	_____dB	IFL_{LOSSRx}	IFL 70MHz 衰减 (1)−(2)−(4)−(5)	
8	_____dB	功率测试 L_{ir}	预计的(默认)L_{ir}	
9	_____dB	测量 L_{ir}	(4)+(5)+(6)+(7)	

6. 系统发射

系统发射部分需要记录的数据如表 6.13 所示。

表 6.13　系统发射部分的数据

项目	数据	缩写	说明	范围
			系统发射部分数据	
1	_____dBm	CH_{TX}	CU_{Tx} 输出 (3)−(2)	−16～−4dBm
2	_____dB	SUM_{INT}	内部合路器	6.5dBm(HDC12.5dBm)
3	_____dB	CH_{Tx}	机箱 Tx 输出	

续表

系统发射部分数据				
项目	数据	缩写	说明	范围
4	＿＿＿dB	SUM_{Tx}	外部分路器	$10 \lg x + 0.5 = dB$ 衰减 x=端口数目
5	＿＿＿dB	$PAD_{Tx\ Default}$	预计的(默认)PAD_{Rx} 衰减	0～50dB，1dB 增量
6	＿＿＿dB	PAD_{Tx}	Pad 衰减(实际设置)	0～50dB，1dB 增量
7	＿＿＿dB	IFL_{Tx}	RFT IF 输入	
8	＿＿＿dB	IFL_{LOSSTx}	(3)－(4)－(6)－(7)	
9	＿＿＿dB	功率测试 L_{it}	预计的(默认)L_{it}	NCS
10	＿＿＿dB	测量 L_{it}	(2)＋(4)＋(6)＋(8)	
11	＿＿＿dB	RFE_{Tx}	REF 输出端的发送电平	
12	＿＿＿dB	REF_{TxGAIN}	REF 发送增益	+5dB
13	＿＿＿dB	G_{Tx}	天线发送增益	必须在 RFT_{TxGAIN} 中进行补偿 (NCS)
14	＿＿＿dB	$EIRPes$	测量地球站 EIRP(11)＋(13)	必须＝(15)＋1
15	＿＿＿dB	$EIRPesLB$	从功率测试程序获得的地球站 EIRP	以 dBm 为单位(dBm－30＝dBW) (NCS)

7. 测验和检验

最小比特误码率(BER)门限值。

话音(推荐值 10^{-4})：＿＿＿＿＿＿＿＿＿＿＿＿＿＿＿＿＿＿＿

数据(推荐值 10^{-6})：＿＿＿＿＿＿＿＿＿＿＿＿＿＿＿＿＿＿＿

传真(推荐值 10^{-6})：＿＿＿＿＿＿＿＿＿＿＿＿＿＿＿＿＿＿＿

话音带内数据(推荐值 10^{-6})：＿＿＿＿＿＿＿＿＿＿＿＿＿＿＿＿＿

在 VCU 输入端最大 Rx 音频电平：＿＿＿＿＿＿＿＿＿＿＿＿＿＿ dBm。

在 VCU 输出端最大 Tx 音频电平：＿＿＿＿＿＿＿＿＿＿＿＿＿＿ dBm。

8. 最终检查

测量并记录室内和室外主电源输入。

TES 机箱输入电压：＿＿＿＿＿＿＿＿＿＿＿＿＿＿＿＿ V_{AC}/V_{DC}。

RFT 输入电压：＿＿＿＿＿＿＿＿＿＿＿＿＿＿＿＿＿＿ V_{AC}/V_{DC}。

机箱对机箱间的交流电位：＿＿＿＿＿＿＿＿＿＿＿＿＿＿ V_{AC}。

其他设备功能是否验收合格：是/否(圈一个)。

如果没有，解释原因：

评语：

第7章 TES系统运行及操作

TES系统加电后，系统经过启动过程进入工作状态。TES系统启动包括远端站操作软件及配置参数的加载和系统网络控制系统站的CCE的加载。加载采用下注式加载(downline loaded)。在系统软件加载之前，CU板上的EEPROM中固化了一套规模很小的"启动软件"，而其他软件及参数需要由网络控制系统加载[24]。

在TES系统加电时必须完成几件事情：①EEPROM内参数，确定外向控制信道的参数；②开关及跳线器的设置，包括机箱地址开关和电话接口类型跳线器；③远端站启动，其过程步骤为加电初始化、频率捕获、频率控制、引导软件加载、配置加载、操作软件加载和其他补充软件的加载。

7.1 信 道 管 理

卫星信道的配置示意图如图3.5所示。每个TES网络都分配一段卫星频带。所分配的这段频带又划分为两部分：业务信道和控制信道。信道间隔(spacing)与信道数据速率、调制方式以及FEC类型有关[21]。

7.1.1 控制信道

1. 外向控制信道

远端站CU板在不参与通话时，总是"守听"在所分配的外向控制信道上。网络控制系统在外向控制信道上用广播方式发送所有CU信息，也可利用CU地址向某个CU发送信息。

外向控制信道上的信息格式为HDLC。在外向控制信道上周期性发送的信息内容包括当前可使用的内向控制信道频率。

2. 内向控制信道

在TES系统中，可用的内向控制信道频率至少有两个。当某个远端站CU需要向网络控制系统发送信息时，就随机地选择一个内向控制信道频率并可立即发送。全网CU板以随机占用方式(纯ALOHA)共用内向控制信道。出现碰撞时，各站要随机延时后重发刚才发送的信息。

可用内向控制信道频率由网络控制系统通过外向控制信道广播定期发布。当 CU 板不参与用户通话时，可调谐到某个内向控制信道频率上(不一定发射)。

某个内向控制信道频率是否可用，由网络控制系统中的 CU 板周期性的环路测试结果而定。内向控制信道上的信息格式为 HDLC。

7.1.2　业务信道

TES 支持全双工通信，一对双向信道称为"一条卫星电路"。

1. 话音电路

网络控制系统内的 DAMA 处理功能根据收到的电话号码完成电路的按需分配。话音数据也是按 HDLC 格式传送的。

2. 数据电路

数据电路一旦建立后是连续工作的，不论有无数据发送，将连续占用卫星频带及功率，数据按 HDLC 格式传送。

7.2　信道单元数据率

信道单元支持的数据率内容如下。

(1)RS-232D。

(2)只能支持 DTE。

(3)支持的异步数据速率如表 7.1 所示。

表 7.1　支持的异步数据速率

信息速率/(Kbit/s)	支持的异步数据速率/(Kbit/s)				
19.2	19.2	9.6	4.8	2.4	1.2	0.3
16	9.6	4.8	2.4	1.2	0.3	
9.6	9.6	4.8	2.4	1.2	0.3	
4.8	4.8	2.4	1.2	0.3		

(4)异步起始和停止比特。

① 在发送端去掉。

② 在接收端保留。

(5)异步数据不靠 DCU 定时。

(6)同步数据速率如表 7.2 所示。

表 7.2　支持的同步数据速率

信息速率/(Kbit/s)	64	56	19.2	16	9.6	4.8
支持的同步数据速率/(Kbit/s)	64	56	19.2	16	9.6	4.8

（7）数据在发射和接收端定时。

（8）从以下四种方式中选择定时。

① 两个 DCU 提供的时钟。

② 两个用户提供的时钟。

③ 一个用户提供的时钟。

④ 一个 DCU 提供的时钟。

7.3　高级数据链路控制

卫星线路上的数据均以 HDLC 格式传送，内向控制信道、外向控制信道和业务信道数据格式如图 7.1～图 7.3 所示。

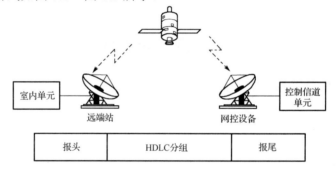

图 7.1　内向控制信道数据格式

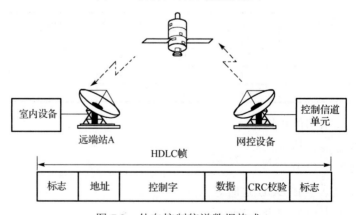

图 7.2　外向控制信道数据格式

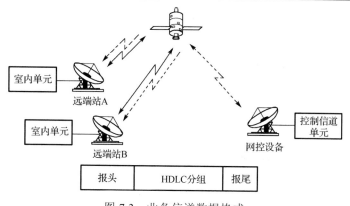

图 7.3　业务信道数据格式

HDLC 是 High Level Data Link Control 规程的简写，它是数据传输控制规程的一种。

数据传输规程(通信控制规程或控制规程)是为了保证通信双方能有效而可靠地传送数据，在发送和接收之间应有一系列的约定。约定涉及通信过程的诸方面。

HDLC 规程有多种工作方式，但其传送格式(帧格式)是统一的，如图 7.4 所示。

图 7.4　HDLC 规程帧格式

HDLC 规程的内容很丰富，设计者有很大的选择余地。由于设计者往往只选择 HDLC 规程的一部分功能或几种工作方式，因而，即使两种产品都可能声称"遵守" HDLC 规程，但它们之间往往是不兼容的。

7.4　频率池的概念

在 TES 系统中，可用的卫星频带又划分为多个"组"，在每一组内，频带又划分为带宽相同的若干信道，而各"组"之间的信道带宽则不同。每个信道组称为一个"频率池"。

频率池内容如下。

(1)每个远端站配置的所有 CU 必须分配给一段频率资源。

(2)所有双向信道(一个发，一个收)必须分配给一段频率资源。

(3)特定的远端站 CU 全部使用的频率资源应该保留。

(4)频率池里的 CU，仅在频率池中的信道上进行相互呼叫。

(5)如果频率池里的一些 CU 正在使用所有可用的信道，频率池里其他 CU 不能进行呼叫。

(6)在一个频率池里的已分配的呼叫信道频率的 CU，可以呼叫不在同一个频率池中的 CU。

图 7.5 是频率池在 TES 通信系统中的应用示意图。系统在配置 CU 时，都要指定该 CU 板属于哪个频率池。

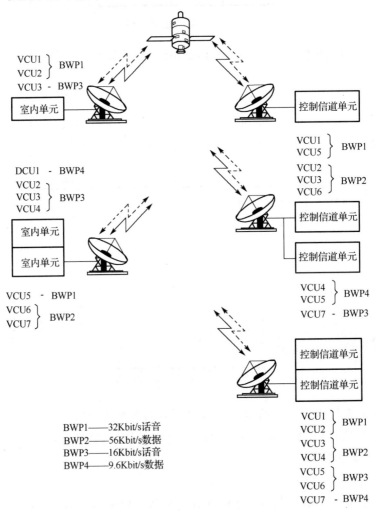

图 7.5　频率池在 TES 通信系统中的应用

7.5　网络寻址技术

网络寻址技术主要涉及网络编号方案和拨号处理等。

7.5.1　网络编号方案

通信网络的编号方案与具体应用有关，如果专用网不与公众网相连，其编号方案可由用户执行定义。如果与公众网相连(国内网或国际网)，则编号方案必须遵守"国际邮区"所规定的国际前缀、国内前缀及国家编码[6]。具体应用如图 7.6 所示。

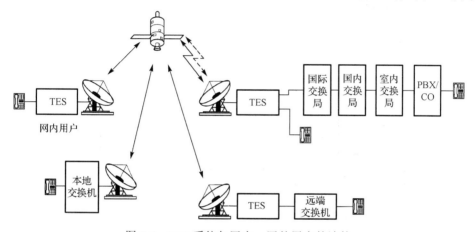

图 7.6　TES 系统与网内、网外用户的连接

下面介绍 TES 系统编号方案的几个特点。

(1)通配符(wildcard)的使用。TES 允许在编号中使用通配符，如图 7.7 所示。网络控制系统把具有相同前段数字串的呼叫连接到相同的 CU 。通配符号码用来实现分机转接(extension)。

图 7.7　通配符的号码结构

(2)一个 CU 板可以分配多个拨号地址。

(3)寻线组(Hunt Group，HG)。寻线组的示意图见图 7.8，其中若干 CU 板被划分为一个"逻辑组"，称为寻线组，该组具有一个或多个号码。当呼叫改组时，就从组内选择空闲 CU 建立连接。采用寻线组技术可降低呼损率，但此时将不能直接访问组内某个 CU 板。

寻线组内容如下。

① 内向信道呼叫的电话寻线组可以分配一些 VCU。

② 电话寻线组 VCU 可以在一组专用用户电话号码中进行呼叫。

③ 网络控制系统在寻线组中将使用最空闲的方法为 VCU 分配呼叫。

④ 如果所有 VCU 都忙，多数请求不予接续。

⑤ 寻线组中 VCU 不直接与网络中其他 VCU 接续。

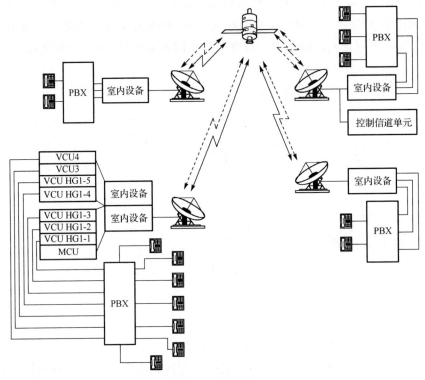

图 7.8　寻址组

7.5.2　拨号处理

网络控制系统从发端 CU 传来的"呼叫请求信息"中，提取终端电话号码。网络控制系统内建有数据库，通过该数据库可查到号码所对应的收端 CU 板地址。

7.6　TES 硬件控制器和指示灯

CU 的运行主要由软件支配，包括网络控制系统发出的命令使 CU 进入或退出服务状态，甚至中止远端站的发送。控制和指示器由机箱与 CU 提供。

7.6.1　II 型机箱控制器和指示灯

在 II 型机箱上只有一个控制器，便是机箱电源。机箱电源开关是一个位于机箱正面的有两个位置的摇杆开关。移开机箱的前盖后可以看得更清楚。

机箱开关的功能和特性如下。

(1)当开关位于关(off)位置时，机箱内所有 CU 的电源被切断。当开关合上(on)时，CU 则完成启动过程。

(2)开关也是一个电路断路器，如果交流故障引起开关跳闸，把开关再次从关变到开的位置，机箱就会复位。如果断路器连续跳闸，则将机箱送回工厂检修。

注意，给设备加电时，机箱内至少要有一个 CU，否则设备不会运行。

(3)当电源掉电时，CU 能短时间保存它们的 RAM 内容，并至少维持 15min。当再次上电时，它们将只需要启动过程，不需要重装它们的 RAM 内容。

7.6.2　HDC 控制器和指示灯

在 HDC 支持的模块中有若干个控制器和指示灯，主要包括电源和风扇组件模块的控制器及指示灯。

1. 电源

在 HDC 的后面有一个 STATUS 指示灯和电压测试点，不需要移开电源后盖就能接触到。电源没有开关，直接通过加上和断开电源插头来供、断电。

下面说明电源控制器和指示灯的功能与特点。

(1)STATUS 指示灯。

电源 STATUS 灯(PS-1 和 PS-2)绿灯亮指示电源正常工作。

两个状态指示灯都亮是因为电源是按负载共享方式工作的，如果两个指示灯都不亮则存在故障，需维修设备。

(2)测试点。

电源测试点给技术人员提供一个接口，以证实电源能提供 HDC 所要求的下列电源输出。

① +5V 直流到 CU。

② +12V 直流到 CU。

③ 电源输出到风扇组件。

④ –12V 直流到机箱话音接口，支持 4 线或 5 线 E&M 接口或 2 线接口。

⑤ –48V 直流到机箱话音接口，支持 2 线或 3 线 E&M 接口。

⑥ 地。

2. 风扇组件

HDC 的风扇组件有一个状态（OK/FAIL）指示灯、复位控制按钮、STATUS LED 显示器和调试口，均位于机箱的前面，不取掉机箱前盖接触不到它们。下面说明风扇组件控制器与指示灯的功能和特性。

（1）OK/FAIL 指示灯。

OK/FAIL 状态指示灯，绿灯表示风扇组件正常运行，红灯表示风扇组件有故障。

（2）复位控制按钮。

当按复位按钮时，复位风扇组件恢复正常功能。当 OK/FAIL 指示灯红灯亮时，可用这个控制器。

（3）STATUS LED 显示器。

STATUS LED 显示器显示从风扇组件印刷电路板接收到的状态代码。这个 7 段 LED 显示将对风扇组件的故障查找和维修提供帮助。

（4）调试口。

调试口留作将来使用。

7.7　信道单元控制器与指示灯

在 CU 上有数个指示灯和一个控制器，这些指示灯包括一个 7 段 LED 和一些指示灯（都在 CU 前面板上）。在 CU 后面的 RESET 按钮是供技术人员使用的硬件控制器。

7.7.1　LED 显示

7 段 LED 位于 CU 前面板的右方，LED 显示监视或维修 CU 时所需的配置和状态信息。从机箱前面可看到 LED，不需取掉机箱前面板。参见有关 LED 显示代码的完整描述。

LED 显示字符如图 7.9 所示。

7.7.2　指示灯

黄色指示灯位于 CU 的前面，但是不取掉机箱前盖是看不见的。图 7.10 表示 II 型 CU 的指示灯及其功能。

图 7.9　LED 显示字符

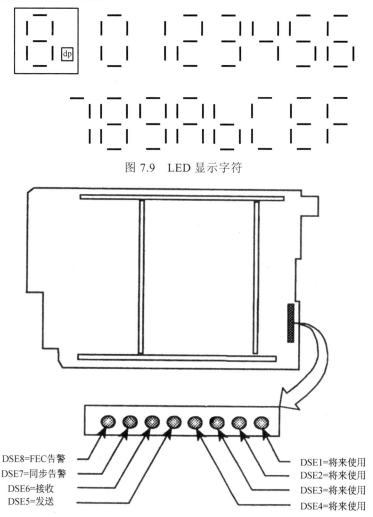

DSE8=FEC告警　　　　　　　　　DSE1=将来使用
DSE7=同步告警　　　　　　　　　DSE2=将来使用
DSE6=接收　　　　　　　　　　　DSE3=将来使用
DSE5=发送　　　　　　　　　　　DSE4=将来使用

图 7.10　II 型 CU 的指示灯及其功能

7.7.3　复位按钮

RESET 按钮位于 CU 背后，挨着数据口，按 RESET 按钮使 CU 返回启动过程，然后重新恢复正常操作。

这个操作也可以由来白网络控制系统的复位命令完成，但必须 CU 是空闲的或者在该远端站有一个 MCU。

DCU 是永久连接的，通常它们不调谐到 OCC 上，因此如果远端站没有 MCU 来转发复位命令，则 DCU 不得不用 RESET 按钮来复位(如软件升级时)。

7.8　系统的启动过程

TES 系统加电后，首先固化在 CU 板上 EEPROM 内的"启动软件"工作，然后采用下注式加载方式由网络控制系统加载其他的软件及参数。

7.8.1　CU 启动

CU 启动内容如下。

(1)网络控制系统连续和定期地广播引导码数据。

(2)新安装的 CU：电源启动；安装引导码；自检；接收 ICC 频率；获得 OCC。

(3)新的 CU 在 ICC 上，依据机箱和槽号(ID)发送装载配置请求。

(4)网络控制系统通过信息地址给特定的 CU 广播通用操作码数据。

(5)网络控制系统广播 CU——特定配置数据。

(6)新的 CCU 使用同一种 DLL 步骤而且与网络控制系统直接通信。

(7)通过卫星信息对频率跟踪进行控制。

(8)码的装载。

① 引导码。

a．方法和信息结构。

b．以编号组发送。

② 配置装载。

a．操作码类型(VCU/DCU/MCU/ADDCU/LCU/SMCU)。

b．配置参数。

c．软件插入。

③ 操作装载。

a．普通广播。

b．CU 按照装载的配置选择正确的数据。

c．以编号组发送。

CU 启动的过程如下。

(1)网络控制系统广播引导码数据(连续)。

(2)CU 装载引导码,如图 7.11 所示。

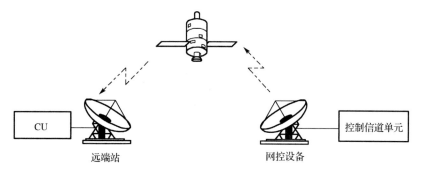

图 7.11　CU 装载引导码

(3)远端站 CU 请求配置数据装载,如图 7.12 所示。

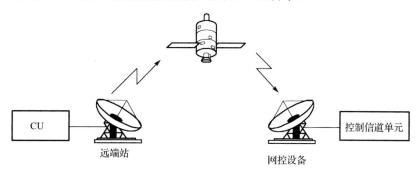

图 7.12　远端站 CU 请求配置数据装载

(4)网络控制系统广播通用操作码数据。

(5)网络控制系统广播 CU 特定的配置数据,如图 7.13 所示。

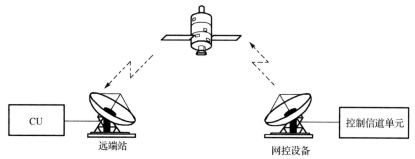

图 7.13　网络控制系统广播 CU 特定的配置数据

(6) CCU 装载没经过卫星，如图 7.14 所示。

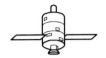

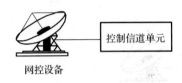

图 7.14　CCU 装载没经过卫星

7.8.2　信道单元框

信道单元框内容如下。

(1) CU 类型的软件信息。

(2) CU 类型的参数。

① LCU 和 DCU 定时。

② VCU 拨号建立。

(3) 一种 CU 类型可以有多种框：不同的 VCU 用户设备。

信道单元框如图 7.15 所示。

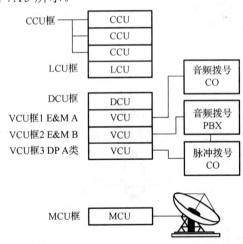

图 7.15　信道单元框

7.8.3　CU 的 M&C

CU 的 M&C 内容如下。

(1)远端站可从 CU 获得 M&C。

① 当远端站没安装 MCU 并且 VCU 和 DCU 没有传输用户数据时,它们提供 M&C。

② 已安装 MCU 时可以提供连续 M&C。

(2)机箱 M&C 是通过背板总线电缆连接的。

(3)多个机箱 M&C 的站通过多点接口连接器(TES 机箱后面板)使用一个 MCU。

(4)远端 M&C 通过卫星连接。

(5)ICC 上的 MCU 仅用来发射。

(6)OCC 上的 MCU 仅用来接收。

(7)CCU 的 M&C 直接与 NCP 在一起。

(8)MCU 作用范围可以包括一个 CCU。

CU 和 RFT 的 M&C 如图 7.16 所示。

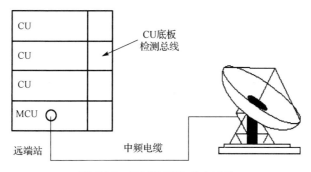

图 7.16　CU 和 RFT 的 M&C

7.8.4　CCU 的启动

CCU 位于网络控制系统站的标准 TES 机箱内,其启动过程与远端站 CU 板启动过程非常相近。不同之处是网络控制系统通过 CCU 板上的基带数据接口直接加载,而不是通过卫星,见图 7.17。

CCU 的频率跟踪方式如下。

(1)OCCU 板跟踪自己发送的外向控制信道频率。

(2)ICCU 板则跟踪各远端站发送的内向控制信道频率的平均值。

(3)空闲 CCU(备份)则跟踪外向控制信道频率。

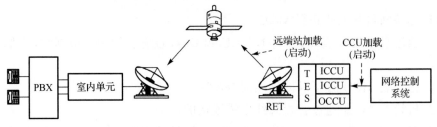

图 7.17　CCU 启动

7.9　备份切换

在 TES 系统中，网络控制系统站的关键部分如 DAMA 处理机和 CCE 设备都设置了备份。

DAMA 处理功能的备份见图 7.18。当备份 DAMA 检测到主 DAMA 发生故障时，会自动接替主 DAMA 的工作。但主 DAMA 恢复控制功能后，由操作员负责将其接入网络[30]。

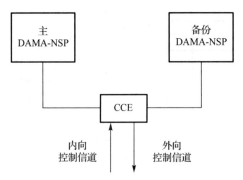

图 7.18　DAMA 处理功能的备份

CCE 备份自动切换是由网络控制系统通过环路测试来检查卫星线路和网络控制系统站设备的完好性。当环路监测失败后，控制信道将自动转换到其他空闲 CCU。

7.10　MCU

MCU 是远端站的一种任选配置件，它在 TES 机箱内占有一个插槽。MCU 内配专门的监控软件，并且是固定调谐在控制信道频率上的。MCU 可以监控同一机箱内的 CU 板、其他机箱内的 CU 板和 RFT。

7.10.1　MCU 监控同一机箱内的 CU 板和 RFT

MCU 监控同一机箱内的 CU 板时，MCU 与 CU 的连接由机箱内的连接总线电缆完成，如图 7.19 所示。

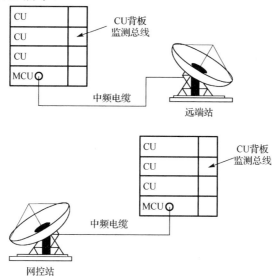

图 7.19　同一机箱内的 CU 和 RFT 的监控

MCU 通过基带接口和电缆实现对 RFT 的监控。

7.10.2　MCU 监控其他机箱内的 CU 板

如图 7.20 所示，MCU 通过机箱后板上的多点连接器监控其他 CU 板。

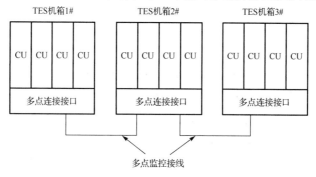

图 7.20　MCU 监视多个机箱 CU 的连接

MCU 对监控数据仅仅进行透明传输。实际 MCU 不对监控数据进行任何处理，它只起网络控制系统与 CU 之间"邮递员"的作用。监控信息对 MCU 是透明的。

参 考 文 献

[1] 刘国梁,荣昆璧. 卫星通信. 西安：西安电子科技大学出版社, 2001.

[2] 徐建平, 美国休斯网络系统公司,华云信息技术工程公司.休斯网络系统公司 VSAT 卫星通信小站技术手册(第一分册,第二分册,第三分册). 北京:气象出版社, 1995.

[3] 黄序. 2013 年中国卫星应用大会报道之二：卫星通信在民航中的应用. 卫星电视与宽带多媒体, 2013(19): 26-28.

[4] 空管行业管理办公室. 中国民用航空通信导航雷达工作规则. 中国民用航空局, 1990.

[5] 王秉钧, 金万超,王少勇. VSAT 卫星通信工程. 北京:中国铁道出版社, 1998.

[6] 空管行业管理办公室. 民用航空通信监视设备开放与运行管理规定. 中国民用航空局, 2013.

[7] 罗迪. 卫星通信. 4 版. 郑宝玉, 等译. 北京: 机械工业出版社, 2011.

[8] 宗鹏. 卫星地球站设备与网络系统. 北京:国防工业出版社, 2015.

[9] 空管行业管理办公室. 中国民用航空通信导航监视系统运行、维护规程. 中国民用航空局, 2004.

[10] 伊波利托. 卫星通信系统工程. 孙宝升, 译. 北京: 国防工业出版社, 2012.

[11] 刘功亮, 李晖. 卫星通信网络技术. 北京:人民邮电出版社, 2015.

[12] 洪福明, 王秉钧, 王廷恒, 等. 通信系统. 西安:西安电子科技大学出版社, 1990.

[13] 唐秋红. 民航 TES 卫星通信系统功率调整理论分析. 通讯世界, 2016(21): 87-88.

[14] 刘国梁. 卫星通信及地球站设备. 北京:人民邮电出版社, 1985.

[15] Telephony Earth Station(TES™) System Architecture Course. Hughes Network System,1998.

[16] Personal Earth Station (PES) Installation/Operation Intergrated Satellite Business Network (ISBN) Course. Hughes Network System, 1998.

[17] Installation and Service Manual for Personal Earth Station General Reference Including PES Model X000 Series . Hughes Network System, 1998.

[18] 郭义, 黄涛, 潘捷. 民航卫星通信 TES 系统的介绍与应用. 空中交通管理, 2002(1): 29-32.

[19] Student Training Manual Telephony Earth Station(TES™) Node 4.0 Remote Site Installation Course S0500. Hughes Network System, 1998.

[20] 郑康晓. 民航 TES 卫星系统的调试. 科技风, 2012(19): 10.

[21] 空管行业管理办公室. 中国民用航空无线电管理规定. 中国民用航空局, 1990.

[22] 姚洁莹. 电话网的信号系统. 北京:人民邮电出版社, 1991.

[23] 宫岚, 李洁. TES 远端站的安装调试及经验分析. 空中交通管理, 2003(1): 40-41.

[24] 中国电子设备系统工程公司. TES 远端站安装与维护手册. 1996.

[25] 李大珩. 民航 TES 卫星网 CU 板功能介绍及故障判断. 民航科技, 2011(1): 27-31.

[26] CST-5000 C-Band Satellite Terminal System Installation and Operation Manual. 1996.

[27] 美国维特康姆公司. CT-2000/5/10 系列卫星收发信机安装及操作手册.

[28] Telephony Earth Station（TES^{TM}）Remote Installation and Operation Manual. Hughes Network System, 1998.

[29] 《卫星通信设备操作维护手册》编写组. 卫星通信设备操作维护手册. 北京：人民邮电出版社, 2009.

[30] 李佳. 民航 TES 卫星设备故障总结分析. 空中交通管理, 2011(10):57.